向服务行业转变

大规模系统

可持续发展

转变组织文化

新一代设计思维

新型社会契约

运用设计思维管理创新组合

设计系统化方法以实现创新

是什么

设计思维运用于组织

设计思

好故事如何引发社会运动

把想法传播出去

怎么做

第4维设计

回到表面

设计思维与营销

体验故事

通过动手来思考

消费到参与

用手思考

打造体验

原型是什么?

打造极端文化

极端的原型

制作组织的模型

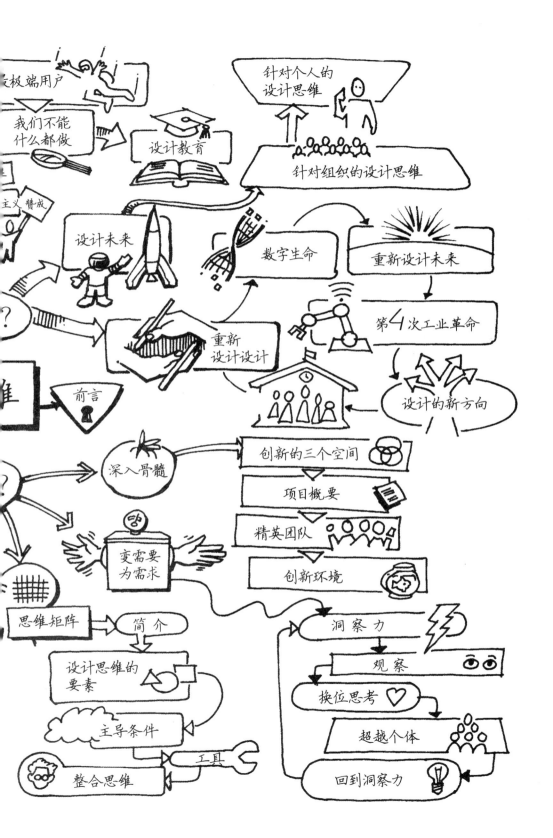

湛庐 CHEERS

与最聪明的人共同进化

HERE COMES EVERYBODY

CHEERS
湛庐

IDEO，设计改变一切

10周年纪念版

CHANGE BY DESIGN

How design thinking transforms organizations and inspires innovation

［英］蒂姆·布朗（Tim Brown）◎著

侯婷 何瑞青◎译

浙江教育出版社·杭州

如何让设计思维真正发挥作用

查理·卓别林主演的经典影片《摩登时代》中有一个让人难忘的片段。卓别林在影片中饰演了一名不幸的工人，他看到一辆卡车上的红色警示旗掉在了地上，于是捡起旗子不停挥舞，并大声喊叫，希望引起司机注意。此时一群喧嚣的民众正好从他身后的拐角处走了出来，他莫名其妙地发现自己成了一场"革命运动"的"尖兵"。《IDEO，设计改变一切》首次出版于 2009 年，当我们回顾 10 年来发生的变化时，与卓别林饰演的那名工人差不多是同样的感觉。"设计思维"并不是我们发明的，这得归功于一项家庭手工业的学术研究，实事求是地说，我们只是在正确的时间恰好出现在了那里，转身回望时，发现一场变革运动正在席卷而来。

简而言之，写作《IDEO，设计改变一切》是为了表达两个观点。第一，设计思维拓展了设计的应用范围，我们可以用设计来解决企业难题和社会难题。设计思维体现出的以人为本、寻求创新的方法能让我们另辟蹊径，更高效地解决问题。第二，设计思维不再是受过训练的职业设计师的专属技能，应该让所有想要掌握这种思维模式和思维方法的人都能受用。设计师与设计思维工作者的初衷都是为眼前的难题找到更好的解决办法。10年后的今天，我更加确信这些理念与我们现在的生活息息相关。

我们在IDEO的工作始终是一个不断探索的过程，因为要解决的问题涉及面越来越广，影响程度越来越深，这是此前没有遇到过的挑战。自《IDEO，设计改变一切》出版以来，我们不断接到邀请：拉丁美洲的企业家要求我们应用设计思维对教育进行改革；美国、亚洲国家的政府部门，非洲、亚洲东南亚地区的各种新型社会组织，以及全球各地的高科技创业公司都要求我们帮助他们应用设计思维。

更让我们感到意外的是，我们称为"设计思维"的这一系列方法受到了全球各地的企业、社会组织和学术机构的推崇。许多商学院、工程学院开设了相关的课程以教授设计思维的基本概念，网上也出现了类似的课程和免费的工具包。现在，这些"设计思维毕业生"都走上了各自的工作岗位，把他们学到的，综合了灵感、构思、实施这三个元素的技能付诸实践。每一个人都在发挥各自的影响力。

有没有影响，当然口说无凭，还得以事实为证。全球一些最具影响力的科技公司——苹果公司、Alphabet（谷歌的母公司）、IBM公司、思爱普公司（SAP）等，已经把设计列为经营的核心要素之一。思爱普用设计思维发布的产品价值数十亿美元，史无前例，而且它还在全球各地资助设计思维教育。IBM公司把设计思维融入了公司的产品和服务之中，逐步转型专注于服务企业客户，并且为此招聘了数百名设计师。硅谷乃至全球的颠覆性创业公司中，设计师在创始团队中必不可少。医保系统、金融服务公司和管理咨询公司现在普遍都会招聘设计师，从幼儿园到高中的老师们把设计思维融入教学过程当中，甚至军队都使用了设计师所用的方法。

可以说，设计思维的时代真的到来了。

不过，我们还不能急于举杯庆祝，因为一切才刚刚开始，大家有理由问我们，怎样才能让设计思维真正发挥重要的作用。

我们要问的第一个问题与精通设计思维有关。深入阅读《IDEO，设计改变一切》后你就会发现，设计思维包含了大量的方法与技能。不论学习什么技能，初学者的表现都无法超越经验丰富的大师。同样的道理，新组建的团队很难与已经有实战经验的成熟团队匹敌，哪怕这个新组建的团队中有一两位大师级的人物。虽然科技能在很大程度上加速学习的过程，增强应用的效果，但无法真正取代对设计思维的精通。设计思维要达到精通的程度，就需要具备我的同事简·富尔顿·苏瑞（Jane Fulton Suri）与迈克尔·亨德里克斯（Michael Hendrix）所说的"设计鉴赏力"。他们在《罗特曼管理》（*Rotman Management*）杂志中写道："设计鉴赏力包括了利用高兴、美丽、个人意义和文化共鸣这些直觉反应的能力。"在设计的过程中保持直觉的敏锐性，就会创造出更丰富的体验，这些体验既能与人建立情感上的联系，也能让客户更加忠诚。在没有培养出精通设计思维的大量人才之前，我们用设计思维去解决世界上最有挑战性的问题时，肯定达不到预期的效果。因此，不要仅仅满足于理解和应用设计思维的概念，而要想办法精通设计思维。从我的个人经验来看，专注于提升设计思维能让你持续发挥创造力。

第二个问题有关道德。随着社交媒体、人工智能和互联网商业模式展现出黑暗的一面，我们更加深刻地感受到了科技带来的冲击。一方面，秉持人本设计的理念可以让冰冷的科技变得有温度，打消人们的那种认为科技就是要取代人或是贬低人的贡献的偏见。另一方面，有大量的证据表明，许多公司利用设计技巧来诱导我们沉迷于社交媒体、人工智能服务、手机游戏以及其他极具诱惑力的科技产品。设计思维不是"看不见的手"，而是人类有意识的行为。正如诺贝尔奖得主赫伯特·西蒙（Herbert A. Simon）在其 1969 年出版的专著《人工科学》中写道："按照自己的意愿采取一系列行动改变现有状况就是在设计。"我们把社交媒体应用设计得让人容易上瘾和沉迷，是因为我们希望看到这个结果。如果这个结果不是我们想要看到的，那么我们就不是好设计师。正确理解设计的结果，是设计思维者的责任，而且他们对自己做出的选择要有清楚的认识。我们正处在科技发展的重要关头，从目前来看，科技有可能会取代人类智能。此时就需要伸出设计这只"看得见的手"做出有意识的选择，让科技按照我们的意愿来为人类服务。

第三个问题有关应用。我们应该关注哪些问题？设计以人为本的人工智能当然算是一个，但是总体来看，我认为我们把过多的精力都放在了改善的层面，并没有人提出什么突破性的观点，我所说的"突破"并不仅限于硅谷所谓的新产品或新技术。随着 21 世纪逐步推进，西方国家大部分社会制度已不再适用，这一点非常明显。当初设计这些制度是为了满足"第一个机器时代"的要求，它们从 19 世纪到 20 世纪初基本没有变过。

如果我们能够成功地应用设计思维的技能来解决"真正棘手的问题"，会产生什么样的结果？为了让我们以及子孙后代生活得更好，我们该如何设计组织模式、教育体系、公民参与？如何设计市场、医保、交通、税收和工业体系？如何设计信仰和工作？如何设计我们居住的社区和网络虚拟社区？我认为，对于设计思维者来说，这些问题都是必须面对的挑战。

与 2009 年相比，这些问题现在变得更加尖锐，设计思维者也面临更大的挑战。我们在这 10 年中积累了丰富的经验，更加了解如何成功地应用设计的思维模式、技巧和鉴赏力。一些被我们拿来当作案例的公司走上了令人意想不到的发展道路。有些公司获得了相当大的影响力，有些公司也取得了一定的成绩，当然也有几个失败的案例。在日新月异的商业世界里，失败是不可避免的。我把这些案例都保留了下来，让你自己去判断能从这些项目的后续发展中学到什么。几经考虑，我和我的搭档巴里·卡茨（Barry Katz）还是决定再增补一章内容，把我们过去 10 年在 IDEO 工作的经历当作一面透镜，通过它去观察我们在这方面取得的进展，以及有待完善的地方。我再次深深地感谢 IDEO 的同仁们，正是因为他们发挥各自的创意和才华，齐心协力解决了诸多难题，我们才能够在这里与大家分享很多精彩的案例。

在成为设计思维大师的道路上，我希望《IDEO，设计改变一切》能助你一臂之力，让你从中找到灵感，激发你的创造力，用自己相信的方式去解决大大小小的难题，并让你周围的人生活得更好。

蒂姆·布朗
旧金山，2019 年

用设计思维应对创新挑战

近年来的游历令我深信，在世界上所有的国家和地区中，中国的商业发展和变革最为迅速。

在北京、上海、天津、大连、深圳和香港的经历，对我如何看待全球范围内的创新情况产生了深刻影响。我看到，中国企业正以全球化的品牌形象开始崛起，同时又面临着国内城市化进程和气候变化等重大挑战。这些变化和挑战要求中国企业超越现有的商业模式，改变简单的、渐增式的发展路径。我确信，中国企业会从新机遇和新创意中获益良多。

中国的品牌拥有者应如何创造相应的产品和服务，从而不仅给国内消费者带来价值和意义，也足以吸引其他国家的消费者？中国的企业如何持续培养自身的创新能力，来开展基于知识产权的竞争，而不是价格的竞争？中国如何进一步制定低能耗的城市发展规划，让城市更注重环保，让经济更富竞争力？这些问题，以及更多重要的问题，无法仅从科技创新的角度来解决，而是需要找寻新创意，采用一种更为全面的解决方式。要解决这些问题，需要设计思维。

设计思维是解决创新挑战的另一种方式。设计思维并非始于技术研发，试图为新技术寻找市场。设计思维始于人，始于人的渴望和需求，需要理解消费者，从中获得灵感，以此作为起始点，寻求突破性创新。这种方式可用于应对广泛意义上的商业挑战，包括研制新产品、开发新服务、重塑品牌、重组组织架构以及设计全新商业模式，从而创造新价值。对企业来说，创新思维是增强创新能力的方式。与技术创新不同，设计思维能为大多数员工所运用。本书中有很多实例，展现了不同的组织是如何运用设计思维，来鼓励员工自发进行流程、组织架构、产品和服务的创新。

中国的企业正面临史无前例的挑战和机遇，那就是如何促进中国乃至世界的发展。通过提供更好的、能够满足人们需求的产品和服务，给人们带来不同意义上的物质财富和精神慰藉；参与重新设计交通、健康和教育体系，并成为中坚力量；借助发展的新机遇，对供应链进行创新，使之更注重能效；改善城市生活，使之更为环保；培养员工的创造力，进一步推动中国的知识创新……调动所有可用的创新方法以及突破性思维，以上目标都可实现。我希望通过阅读本书，您会认识到设计思维正是这样一种能令愿景成为现实的方法，无论您是大公司的首席执行官，还是正在起步的创业者，或是肩负开发新产品、新服务和新品牌重任的中层经理，又或是政府机构中致力于改善市民生活的领导者，设计思维都能为您所用。

我对下次的中国之行充满期待，希望能目睹设计思维帮助中国企业在21世纪找寻新创意，开发新亮点。

蒂姆·布朗
2011 年 4 月

目　录

第二部分　设计思维的未来

最出色的设计思考者总是被最艰巨的难题所吸引，不管这些难题是为罗马帝国运送淡水、建造佛罗伦萨大教堂的穹顶、负责运行一条穿越英格兰中部地区的铁路线，还是设计第一台膝上电脑。对如今的设计师来说，走向前沿处最可能取得前人所没有取得的成就⋯⋯

扫码测一测，获取答案及解析。

CHANGE BY DESIGN

How design
thinking
transforms
organizations
and
inspires
innovation

前言

设计改变一切

旧观念的终结

几乎每个到过英国的人，都乘坐过大西部铁路线（Great Western Railway）上的列车，这是维多利亚时期杰出工程师伊桑巴德·金德姆·布鲁内尔（Isambard Kingdom Brunel）的巅峰之作。我小时候住在牛津郡乡下，那里离大西部铁路线非常近，我经常沿着这条铁路线骑自行车，等待飞驰的特快列车以160公里的时速从身边呼啸而过。比起过去，现在乘坐这条线路上的火车可要舒服多了，车厢配备了装有减震弹簧的软座椅，沿途的风景当然也变了，在其建成一个半世纪后的今天，大西部铁路仍然是工业革命的标志，也是以设计的力量改变世界的实证。

布鲁内尔是工程师中的佼佼者，但他不仅仅关注创造背后的技术。在设计大西部铁路线时，布鲁内尔坚持坡道的起伏要尽可能平缓，因为他想让乘客有"飘浮过乡间"的感觉。他建造了桥梁、高架道路、路堑和隧道，这种种设计不只是为了创造高效的运输系统，也是为了给乘客营造最佳的乘车体验。布鲁内尔甚至想象了一种集成式的运输系统：乘客可以从伦敦的帕丁顿火车站乘车，最后从纽约的汽轮码头上岸。在自己创造的每一项杰出工程中，布鲁内尔都充分考虑了技术可行性、商业化需求和人文关怀之间的平衡。在这些方面他表现出了无与伦比的天赋，他的前瞻性视野更是令人惊叹。布鲁内尔不仅是一位杰出甚至天才的设计师，更是最早的设计思考者代表人物之一。

自 1841 年大西部铁路线建成以来，工业化过程已经带来了令人难以置信的变化。技术的进步帮助数百万人摆脱了贫困，也提高了相当一部分人的生活水平。然而，进入 21 世纪后，我们逐渐意识到，改变了我们的生活、工作和娱乐方式的工业革命也产生了负面影响。曾经笼罩在曼彻斯特和伯明翰上空的滚滚黑烟已经改变了地球的气候；从各式工厂和作坊中批量制造出的廉价商品，源源不断地涌入市场，滋生了一种过度消费和挥霍浪费的文化；农业工业化使我们很容易遭受自然和人为灾害；随着班加罗尔①的商业化发展呈现下降趋势，且那里的企业开始践行与硅谷和底特律的企业相同的管理理论，这些曾经能够取得创新性突破的企业，今天却变得墨守成规。

科技的潜力还没有完全展现出来。由互联网引发的通信革命拉近了人与人之间的距离，并且让人们得以用前所未有的方式来分享观点和提出新想法。生物、化学和物理等学科已经融合催生出了生物技术和纳米技术，使治疗绝症的药物和性能出众的新材料的生产成为可能。但是仅凭这些令人惊叹的科技成就，我们并不能扭转对前景的担忧。相反，如果只是依赖新技术革命的成果，我们就有可能陷入更深的泥潭。

---

① 印度第五大城市，近年来已成为印度信息科技的中心，被称为"印度的硅谷"。——译者注

我们需要全新的选择

相较以往，纯粹以技术为中心的创新观念，更加不能适应当今世界的发展。基于既有思维模式与策略的管理哲学，很可能无法应对国内外社会发展带来的全新挑战。我们需要全新的选择：

- 能够平衡个人需求与社会整体需求的新产品；
- 能够解决全球范围内健康、贫困和教育问题的新思路；
- 能够带来重大变革，并能让每个受到影响的人都能胸怀使命感，积极参与这个过程的新策略。

我们处在一个令人难以想象的非常时期，因为我们拥有的创造性资源远远不足以应对面临的巨大挑战。有抱负的创新者也许参加过某个"头脑风暴"会议，或者学会了一些应对问题的招数或窍门，但这些临时性的方法或策略极少能够转化为新产品、新服务或新策略，应用于其他领域。

我们需要的是一种有影响力、高效、可广泛采用的创新方式，这种方式应当能被整合到从商业到社会的所有层面中去，个人和团队可以用它创造出突破性的想法，在真实世界中实现这些想法并使它们发挥作用。设计思维，即本书的主题，就是要提供这样一种全新的创新式思维方式。

几十年来，设计师已经习得了这样的技艺：在达成商业目标的前提下，以可用的科技满足人们的需求。这样的技艺正是设计思维的源头。通过整合用户需求、技术可行性与产品商业化，设计师已经能够创造出人们喜爱的各种产品。而设计思维比设计技艺又向前迈进了一步，它将设计方法交给了那些从不认为自己是设计师的人，并让他们运用这些方法来解决更大范围内的问题。

设计思维发掘的是我们都具备的能力，而传统的解决问题的方式常常会忽视这些能力。设计思维不仅以人为中心，而且是一种全面的、以人为目的、以人为根本的思维。设计思维依赖于人的各种能力：直觉能力、辨别模式的能力、构建既具功能性又能体现情感意义的创意的能力，以及运用除文字和符号以外的各种媒介表达自己的能力。没有人会完全依靠感性、直觉和灵感经营企业，但是过分依赖理性和分析同样可能给企业经营带来损害。居于设计过程中心的整合式方法，是超越感性和理性的"第三条道路"。

逆流而上

我接受的是工业设计师的专业训练，却花了好长时间才认识到"做一名设计师"和"像设计师那样去思考"是有重大区别的。经过 7 年的大学本科和研究生教育，以及 15 年的专业实践，我才隐约感觉到，我所做的不仅仅是连接客户的工程部和市场部的链条一环。

我以专业设计师身份设计的第一批产品，属于历史悠久的英国机械制造商沃德金·博斯格林公司（Wadkin Bursgreen）。当时这家公司邀我这个没什么经验的年轻工业设计师帮助他们改进专业木工机床。我花了一夏天的时间制图、做模型，设计出了更好看的圆锯和更好用的主轴成型机。我觉得自己做得相当不错，时隔 30 年，在有些工厂还能看到当年由我设计的机器。然而你却找不到沃德金·博斯格林公司了，因为它早就倒闭了。身为设计师，当时我没有看到，前景堪忧的不是木工机床的设计，而是木制品工业的未来。

渐渐地，我开始看到设计思维的力量：设计是轮子的中轴，而非链条中简单的一环。在象牙塔般与世隔绝的美术学院里，每个人看起来都一样——做事一样，说话也一样。当我离开那里进入商界后，我的时间更多地花在向客户解释什么是设计，而不是实际进行设计上。那时我才意识到，以前我所学的关于这个世界的操作准则，与我的客户对世界的理解方式截然不同。由此带来的困惑，影响了我的创造力和工作效率。

我还意识到，那些带给我启发的人，不一定是专业设计人员，而是像布鲁内尔、爱迪生和费迪南德·保时捷（Ferdinand Porsche）[①] 这样的工程师，他们似乎都有着以人为本，而非以技术为本的世界观。像唐·诺曼（Don Norman）这样的行为科学家，他们发出了产品为何如此令人摸不着头脑的疑问；像安迪·戈兹沃西（Andy Goldsworthy）和安东尼·戈姆利（Antony Gormley）这样的艺术家，他们将观赏者带入某种体验，让观赏者成为艺术品的一部分；像史蒂夫·乔布斯和盛田昭夫这样的企业领导者，他们创造了独特而意义深远的产品。我意识到，在"天才"和"梦想家"这类人所共知的华丽辞藻背后，是对设计思维原则的信守与坚持。

硅谷的公司通常会周期性地陷入繁荣与衰退的循环。几年前，在这样一个寻常可见的周期中，我和同事们绞尽脑汁，想要保住 IDEO 公司，让它可以在这个世界上继续发挥作用。有很多人对我们的设计服务感兴趣，然而我们也注意到，越来越多的人要求我们帮助解决那些看起来跟传统观念所认为的设计毫无关联的问题。

一家医疗保健基金组织让我们帮助他们重组组织架构；一家百年制造企业让我们帮助他们更好地了解他们的客户；一所名牌大学让我们为其设计非主流的学习环境。这些非传统项目迫使我们走出舒适区，但又很令人兴奋，因为它为我们带来了新的可能性，让我们有机会对这个世界产生更大的影响。

---

① 德国著名汽车工程师，设计了大众公司生产的甲壳虫汽车，并与他的儿子费里·保时捷（Ferry Porsche）创立了保时捷汽车公司。——译者注

我们开始用"小写 d 开头的设计"①这个说法描述我们正在进入的全新设计领域，并希望我们的设计能够超越那些时尚生活杂志中或现代艺术博物馆里的雕塑作品。但我们一直对这个说法不是很满意。有一天，我在跟斯坦福大学教授，也是 IDEO 公司的合伙创始人戴维·凯利（David Kelley）聊天时，他提到每当有人向他咨询设计问题，他都会用"思维"这个词来解释设计师在做什么。于是我决定采用"设计思维"这个说法。现在我用"设计思维"来描述一系列原则，而各类人都可以应用这些原则去解决很多问题。我已经皈依了设计思维，并成为设计思维的传道者。

不过，我并不是一个孤独的先驱者。现在，最先进的企业不是叫设计师改善已有的想法，使其更具吸引力，而是向设计师提出挑战，要求他们在开发过程开始的时候就提出新想法。前者属于战术层面，通常是在已有的基础之上再向前推进一步；后者则是战略层面，将"设计"拉出了设计工作室，将设计思维具有的颠覆能力和改变游戏规则的潜能释放了出来。现在，在世界顶级企业的董事会议上能够看到设计师的身影已经不足为奇了。设计思维开始在公司内部向管理的上层延伸了。

此外，设计思维的原则可以应用于不同领域的组织中，而不仅仅局限于那些开发新产品的企业当中。优秀的设计师总是从设计的角度对前一年的新型产品进行改进，而由熟练的设计思考者组成的跨学科团队，则有能力解决更为复杂的问题。从治疗儿童肥胖症到预防犯罪，再到预测气候变化，目前设计思维正被用来解决一系列难题，设计思维所创造的产品与服务，完全不同于那些充斥在时尚杂志中的令人艳羡的精美物品。

企业对设计越来越感兴趣的原因非常明了。当发展中国家的经济重心

---

① 小写 d 与大写 D 相对应，大写 D 表示设计是专业人士才能从事的神圣事业，而小写 d 表示普通人也可以在日常生活中运用设计思维改变世界。——译者注

不可避免地从工业制造转向创造知识与提供服务时，创新就成了一种生存策略。此外，创新不再局限于推出新型实体产品，还包括开发出新型的流程、服务、互动、娱乐模式、交流与合作的方式。这些不仅是以人为本的任务，也是设计师的日常工作。从"设计行为"到"设计思维"的自然演进，反映出当今企业领导者越来越强烈地意识到设计实在是太重要了，不能只把它们留给设计师去考虑。

本书分为两部分。第一部分介绍了设计思维的一些重要阶段。我无意将这部分写成"操作指南"，因为这些技巧最终是要通过实践来获得的。我希望本书的第一部分能提供一个框架体系，帮助读者辨别出那些能够带来重要设计思维的原理和实践。如我在第 6 章中所指出的，在善于讲故事的文化背景下，设计思维会蓬勃发展，因此我将通过讲述 IDEO 公司和其他企业组织中发生的案例，来探讨这方面的许多观念。

本书的第一部分将重点讨论设计思维在商业上的应用。在此过程中，我们将看到一些全球最具创新力的企业如何运用设计思维，设计思维如何激发了突破性的解决方案，以及在哪些情况下设计思维会有些不自量力（任何宣称自己立于不败之地的商业类书籍，都应当摆在"小说"类书架上）。

本书的第二部分旨在激发所有人去高瞻远瞩地思考。通过观察人类活动的三个领域——商界、市场和社群，我希望为读者展示如何用新方式拓展设计思维，以创造出能够应对所面临的挑战的新想法。

假如你是一家酒店的经理，设计思维可以帮助你重新思考酒店管理的真正本质；假如你在一家慈善机构工作，设计思维有助于你更好地了解你所服务的人们的需求；假如你是一位风险投资人，设计思维可以帮助你放眼未来。

表述设计思维的另一种方式

哈珀商业出版社（Harper Business）的优秀编辑本·洛南（Ben Loehnen）跟我说，一本好书得有一个好的目录。我已经尽了最大努力遵从他的忠告，但还是对此有不同的看法。设计思维的要义之一就是探索各种不同的可能性，所以我觉得先要给读者介绍另一种直观了解本书内容的方式，那就是思维导图。有时我们需要线性思维，而在 IDEO 公司，我们常常发现采用思维导图更能帮助大家直观地理解某个观点。

线性思维是用来表示顺序的，而思维导图是用来表示关联关系的。思维导图这种直观的表现形式，帮助我看到了不同主题之间的关系，让我对全书有更为直观的把握，还帮助我更好地阐述某个观点。像本·洛南这样习惯于线性思维的人，可以去看目录，而愿意冒险的读者可能更愿意参看开篇的思维导图，从而一窥本书的全貌。这张图也许会促使你直接跳到某个感兴趣的章节，也许会帮助你回顾已读过的内容，也许会让你回想起设计思维不同主题之间的关系，甚至可能帮助你想到那些应该而没有被包括在本书中的内容。

有经验的设计思考者也许会发现，仅凭这张思维导图就能了解我的观点。而对其他人而言，我希望接下来的内容，能提供值得一读的见解，引领大家进入设计思维的世界，并让我们有可能创造出意义深远的变化。如果的确如此，希望你们能告诉我。

CHANGE BY DESIGN

Change by Design

How design thinking
transforms organizations
and inspires innovation

第一部分

设计思维的力量

谷歌公司有滑梯、粉色火烈鸟和原物大小的充气恐龙；皮克斯公司有海滩小屋；IDEO公司无须鼓动，就会发起一场激烈的手指火箭大战……通过各种方式激发每个人的设计思维，并将它与人共享、转化为具体的策略，这就是摆脱困境的明智之举。

CHANGE BY DESIGN

How design
thinking
transforms
organizations
and
inspires
innovation

第 1 章

打动人心，
设计思维不仅仅是形式

禧玛诺公司（Shimano）是日本一流的自行车配件制造商，2004 年，在美国传统的高端公路赛车和山地车市场中，该公司业绩平平。禧玛诺公司一贯以新技术促发展，而且在创新技术方面投入大量资金，希望能以此带来新的转机。面对不断变化的市场，禧玛诺公司意识到，创新是摆脱困境的明智之举，因此它邀请 IDEO 公司与其合作。

　　合作伊始，我们就建立起了一种独特的关系，这种设计师和客户之间的关系与几十年前，甚至几年前的情形都大不相同。禧玛诺公司并没有交给我们一系列技术参数和一大堆市场调研结果，然后让我们去设计一批零件。相反，我们通力合作，一起探索自行车市场不断变化的态势。

　　在初始阶段，我们组建了一支由设计师、行为科学家、营销专家和工程师组成的跨学科团队，团队的任务是找出针对此项目的适当约束条件。团队一开始就有一种预感，认为不应当把注意力集中在高端市场。团队成员分头外出调查，想了解为什么 90% 的美国人小时候骑自行车，成年后却不再骑了！为了寻找思考这一问题的新思路，他们花时间跟各种各样的消费者交流。团队成员发现，他们采访的每个人几乎都对儿时骑自行车的经历怀有美好的回忆，然而现在却对骑车望而却步，这其中的原因包括：

- 不愉快的买车经历，比如很多在自行车店里担任销售人员的是运动员，他们身穿紧身骑行服，样子有些咄咄逼人，让顾客感觉不安；
- 自行车、配件和专业服饰过分复杂并贵得离谱；
- 在没有自行车专用道的公路上骑车太危险；
- 维护一台只在周末才使用的样式精密的自行车太过麻烦。

团队成员还注意到，他们采访过的每个人差不多都有一辆自行车扔在车库里，要么是轮胎瘪了，要么是闸线断了。

设计团队不仅从自行车玩家中寻求灵感，他们还到禧玛诺核心顾客群之外寻求灵感。这种以人为本的探索让设计团队意识到，一种全新的骑车方式或许能让美国消费者找回儿时骑车的感觉。一个尚未开发的巨大市场开始在设计团队面前逐渐浮现。

设计背后的故事
CHANGE BY DESIGN

禧玛诺与"滑行"概念

设计团队受老式施文滑行者自行车（Schwinn Coaster Bike）的启发，提出了"滑行"概念。滑行，将那些早已放弃骑车的人，又带回了曾经简单、直接、健康且有趣的活动中去。滑行自行车更多地为乐趣而非运动进行设计，车把上没有控制装置，自行车框架上没有蜿蜒排布的闸线，也没有一堆精密齿轮需要清洁、调整、维修或更换。像我们记忆中最早的自行车那样，刹车是靠向后蹬脚踏板来实现的。滑行自行车配备舒适的软车座、直立车把和抗扎车胎，而且几乎不需要进行日常维护。但它不应仅仅被视为复古自行车：它采用了复杂的工艺，配备有自动传动装置，可以在自行车加速或减速时自动换挡。

崔克（Trek）、兰令（Raleigh）和捷安特（Giant），这三大自行车制造商开始采用禧玛诺的新型配件生产新型自行车，然而设计团队并未就此止步。传统设计师也许会在设计出自行车之后就结束设计项目，而注重整体的设计思考者会向前迈进一步。他们为自行车专卖店设计了店内的零售策略，一个目的就是减轻新手在这种环境下的不自在感，因为这些零售店的主要顾客是专业的自行车爱好者。该团队开发出了一个品牌，将滑行作为享受生活的方式——"冷静、探索、游荡、闲逛……首款为满足顾客休闲需求而设计的自行车"。设计团队还与地方政府和自行车协会合作，策划了公关宣传活动，其中包括创建一个网站，标出了适合骑车的安全区域。

在从灵感到构思，再到具体实施的过程中，许多其他的人和组织也参与到这个项目中来。值得注意的是，自行车外观本应是设计师首先关注的问题，却被推迟到设计的后期才解决。设计团队开发了一项"参考设计"，用来展示自行车可能的样子，并激发自行车制造商的设计团队开动脑筋，进行设计。这款自行车成功推出不到一年，另外 7 家制造商也签约制造滑行自行车了。这是将设计实践转化为设计思维实践的一个绝佳案例。

创新的三个空间

尽管我非常希望能提供一个简单易行的秘方，以保证每个项目都能像上面这个项目一样成功，设计思维的本质却让这种想法不可能实现。与 20 世纪初占主导地位的科学管理观念相反，设计思考者知道，在设计的过程中并没有"最佳方法"。

在设计的过程中，确实存在一些有用的起点和有益的路标，但我们最好把创新的延续看作由彼此重叠的空间构成的系统，而不是一串秩序井然的步骤。这些空间分别是：

- 灵感，即那些激发人们找寻解决方案的问题或机遇；
- 构思，即产生、发展和测试想法的过程；
- 实施，即把想法从项目工作室推向市场的路径。

当设计团队改进想法并探索新方向时，设计项目也许会在这三个空间来回往复。

之所以要经历这种迭代的、非线性的过程，并不是因为设计思考者没有规划或缺乏训练，而是因为设计思维从本质上来讲是一个探索的过程。如果运用得当，在这个过程中，设计思维一定会带来令人意想不到的发现，如果不找出这些发现会把我们引向哪里，那就太愚蠢了。通常我们可以在不打断流程的情况下把这些发现融入持续进行的流程中。在另外一些时候，这些发现会促使设计团队重新审视某些最基本的假设。例如，在测试模型时，消费者也许会为我们提供一些领悟，从而指向一个更有吸引力、更有前途、获益更大的市场。这类领悟应当促使我们改进或重新思考原来的假设，而不是固执地一味推进原本的计划。借用计算机行业的语言，不应当把这种方法看作系统复位，而应当将其看作意义重大的系统升级。

表面上看，这种迭代方式的风险是会延长把想法推向市场所花的时间，但通常这是一种短视的看法。富有远见的团队不会在一条最终毫无成效的道路上按照固有逻辑采取下一步行动。很多项目之所以被管理层否定，正是因为创意不够优秀。一个项目经过数月甚至数年的努力却被砍掉，不仅会带来巨大的经济损失，更会极大地挫伤团队的士气。一个由设计思考者组成的机敏的团队，会从项目开始的第一天就制作模型，并在这个过程中不断进行自我修正。正如我们在 IDEO 公司所说的："失败得越早，成功就越快来临。"

既然设计思维是没有预设目标的、开放的和不断迭代的，那么对首次接触它的人来说，设计思维的过程可能会给人一种混乱的感觉，但随着项目的推进，这种做法终将显现出合理性，取得的成果与象征着传统商业运作的、基于里程碑的线性流程所能获得的截然不同。大多数情况下，可预测性都会导致乏味，而乏味易导致人才流失。同时，可预测性还很容易造成同业间相互抄袭。最好采取一种实验的方式：分享流程，鼓励共享创意，并使团队间能够相互学习。

把创新看作由彼此重叠的空间构成的系统，还因为边界问题的存在。对一位追求美的艺术家或一位追求真理的科学家而言，项目的边界也许是不受欢迎的约束。然而，正如著名的设计师查尔斯·伊姆斯（Charles Eames）[1] 经常说的，设计师的标志，正是愿意接受约束。

没有约束，就不可能有设计，而且最佳的设计，如精密医学器械或为灾民提供的紧急避难所，通常是在极其苛刻的约束条件下设计出来的。而一个不那么极端的例子就是塔吉特百货（Target），它用前所未有的低成本方式，成功地将设计带给了一个更广泛的顾客群。对于迈克尔·格雷夫斯（Michael Graves）[2] 这样的成功设计师来说，与设计一款在博物馆礼品店中出售的标价上百美元的茶壶相比，设计一套廉价厨房用具会更难；而

---

[1] 美国著名设计师，与他的妻子蕾·伊姆斯（Ray Eames）同为美国现代建筑与家具设计领域的先驱。——译者注

[2] 美国建筑师，他在美国大众中的知名度主要来自为美国塔吉特品牌设计的家庭用品。——译者注

对艾萨克·米兹拉希（Isaac Mizrahi）[1]来说，设计一系列成衣，要比设计一套在高级时装店中出售的标价上千美元的定制礼服更难。

　　愿意接受甚至热烈欢迎相互矛盾的约束条件，正是设计思维的基础所在。在设计过程的第一个阶段，通常要确定哪些是重要约束条件，并建立评估体系。将约束条件直观表现出来的最佳方式，是采用三种相互重叠的标准来衡量想法是否可行（见图1-1）：

- 可行性，在可预见的未来，有可能实现功能;
- 延续性，有可能成为可持续商业模式中的一部分;
- 需求性，对人们来说是有意义的。

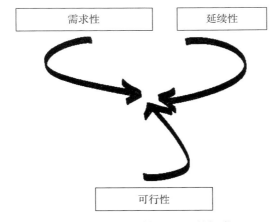

图1-1　三种相互重叠的标准

　　传统意义上的称职设计师会分别解决三个约束条件中的每一个，而设计思考者则会和谐地平衡这三者的关系。

---

① 美国当代著名服装设计师。——译者注

任天堂与 Wii 游戏机

多年来，追求更复杂的图形和更昂贵的游戏平台一直是游戏业发展的主要竞争点。任天堂意识到，采用手势控制这种新技术有可能打破这一恶性循环，并创造出一种更加身临其境的体验。这就意味着，人们对屏幕图形分辨率的关注会更少，而反过来，这会带来更便宜的游戏平台和更高的产品利润。Wii 游戏机完美地平衡了需求性、可行性和延续性这三者的关系，创造出了更吸引人的用户体验，并为任天堂带来了巨大收益。

追求约束条件的和谐共存，并不意味着所有的约束条件都是平等的。某个特定的项目也许是由技术、预算或易变的多种人为因素所推动的，而这些推动因素所占的比例是不同的。不同类型的组织也许会重视不同的因素。这不是一个简单的线性过程。在项目进行的全过程中，设计团队将不断重复考虑所有这三个因素，然而，强调人的基本需求是推动设计思维摆脱现状的动力。不过，这里所说的人的基本需求，与短暂的或人为控制的渴求截然不同。

尽管这一点听起来是不言自明的，事实上多数企业却并没有采用上述方式来开发新创意。它们很可能会从那些符合现有商业模式框架系统的约束条件入手，这种做法是可以理解的。但因为商业体系旨在提高效率，所以新创意很可能是渐增的、可预测的，并且很容易被竞争对手模仿。这就解释了为什么目前市场上很多产品非常雷同。如果你最近逛过百货店的家居用品区或者买过打印机，甚至差点儿在停车场里认错了车，你就会对这点深有体会。

由技术与工艺驱动的企业，通常会采用另一种方式：寻求技术上的突破。在这种情境下，由研究者组成的团队会先找到新的制造方法，之后才会考虑如何在现存的商业体系中应用这项技术并创造价值。正如彼得·德鲁克在他的经典著作《创新与企业家精神》(*Innovation and Entrepreneurship*)中所说的，仰赖技术具有极大的风险。相对而言，只有极少的技术创新会带来直接的经济回报，而大多数为技术创新所投入的时间和资金都得不到合理的经济回报。这或许可以解释为什么像施乐公司帕洛阿尔托研究中心（Palo Alto Research Center, 简称 PARC）和贝尔实验室这种大公司旗下的研发实验室会不断衰落，而它们在 20 世纪的六七十年代曾是极其强大的技术孵化器。今天，各企业转而试图缩小创新努力的范围，只关注那些在短期内能带来更大潜在商业回报的想法。但它们可能正铸成大错。这些企业将关注点集中在短期内可以实现的商业成效上，很可能会牺牲创新来换取利润。

一个组织的驱动力也许来自对人的基本需求和愿望的判断。在最坏的情况下，这也许意味着凭空构想出诱人但本质上毫无用处的产品，它们的最终去处就是垃圾填埋场。在设计界备受争议的维克多·帕帕奈克（Victor Papanek）[1] 曾经很直白地说，这就是劝说人们"用自己没有的钱去买自己并不需要的东西，只是为了给那些其实并不在乎他们的邻居留下深刻的印象"。然而，即使是在目标值得称赞的情况下，比如为了让旅客安全地通过安检口，或为了给贫困国家的乡村社区输送净水，如果只是将注意力主要集中在三个约束条件中的某一个上，而不保持三者的适当平衡，也同样可能损害整个项目的延续性。

由"问题"转向"项目"

设计师只学会了出色地解决其中某一个甚至所有的三个约束条件。相比之下，设计思考者们却正在学习以创造性方式探索这三个约束条件间的关系。他们会这么做，是因为他们的思维已经从"问题"转向"项目"了。

---

[1] 著名设计师和教育家，倡导对社会与生态负责任地进行设计。——译者注

项目，是将想法由概念变成现实的工具。不像我们熟悉的其他许多过程，设计项目不是没有时间限制并长期进行的。设计项目有开头、中间过程和结尾，而且正是这些约束条件，使它得以牢牢扎根于现实世界。设计思维是在项目的框架中表达出来的，这就促使我们在项目开始就要对目标有清晰的表述。这样自然就会形成截止日期，从而严格约束我们，并为我们提供回顾进展、进行中期修正以及为未来行动重新定向的机会。一个定义明确的项目，会清晰地指明方向及限制条件，这对于维持高水平的创造力是至关重要的。

要么创新，要么灭亡：脚踏机器竞赛

设计背后的故事

谷歌公司与闪电自行车公司（Specialized）联手创办了一项设计竞赛，大赛提出的挑战看似很平常，就是利用自行车技术来改变世界。获胜团队由 5 位全情投入的设计师及一群热心的支持者组成，相较其他参赛团队，该团队起步很晚。经过几个星期夜以继日的头脑风暴和模型构建，该团队确定了一个紧迫问题——发展中国家有 11 亿人口没有干净的饮用水，探索了许多运水解决方案——移动的，还是固定的？拖车，还是行李架？并建造了一个可运作的模型——Aquaduct。这是一辆人力三轮车，在运送饮用水时可以对水进行过滤。目前，这辆滤水三轮车正环游世界以推广净水创新。这项创新之所以能获得成功，是得益于技术（踏板动力）和预算（0 美元）这两个不可改变的约束条件以及固定的截止日期。Aquaduct 团队的经历与多数学术实验室或企业实验室里的情形恰恰相反，这些实验室的"目标"或许是无限期延长研究项目的寿命，而项目的"成果"只是资金已经用完。

项目概要，创意的起点

任何项目的起始点都是项目概要。跟科学假设差不多，项目概要是一系列思维约束条件，为项目团队提供了一个起步的框架、一套可以衡量进展的标尺以及一系列将要实现的目标，比如售价、可用的技术、市场细分等等。将项目概要类比成科学假设还有更深一层的含义。正如科学假设并不同于演算，项目概要并不是一系列指令，也不是试图解答尚未出现的问题。更准确地说，一份构思周密的项目概要能够包容意外收获的出现、不可预测情况的发生以及命运的反复无常和变幻莫测，因为它是创造性的温床，有创意的想法会从中而生。如果已经知道了自己想要什么，通常也就找不到什么新奇的创意了。

在我开始从事工业设计师的工作时，项目概要是装在信封里交给我们的。项目概要采取的形式通常是列出一系列高度约束的参数，没给我们留下什么发挥的空间，只能在别人已经确定好了的产品基本结构与框架上，给产品包上一层看起来有点儿吸引人的包装。我最早的任务之一，是为一家丹麦电器制造商设计一款新型个人传真机。传真机的技术参数与要求是根据另一家公司提供的一套组件确定的。"管理层"已经确定了该产品的商业可行性，而且定位了一个现有市场。因为每个人都大体知道传真机应该是什么样子的，所以这个产品的需求性很大程度上也预先决定了。进行改变的空间并不大，我需要做的只是尝试让自己的设计脱颖而出，而其他的设计师也在尝试做同样的事情。这就是当更多的企业掌握并遵循了这种设计流程之后，企业间的竞争也变得愈发激烈的原因。多年来，情况一直没有什么改变。一位郁闷无比的客户最近哀叹道："我们没日没夜地埋头苦干，也就挣来千分之几的市场份额。"利润越来越少、价值越来越低成为必然的趋势。

我们可以在任何一个家用电子产品商店里找到证据：在嗡嗡作响的荧

光灯下，上千种商品排列在货架上，试图引起我们的注意，而这些商品只能靠那些不必要的，更可能是难以理解的特征才能与其他商品区分开。在时尚的外观、引人注目的平面设计和包装方面所做的无谓努力，也许会抓住我们的眼球，但很少能提升使用感受，延长持有期。太抽象宽泛的项目概要会让项目团队如堕五里雾中，但如果项目概要是一组过于具体苛刻的约束条件，几乎可以肯定的是，结果会是没有突破的有限渐进，而且很可能会平庸至极。用经济学家惯用的说法，就是设计行业中的"竞次"。①

好的项目概要可以提高门槛，将优秀组织与还算成功的组织区分开来。宝洁公司就是一个很好的例子。

宝洁与"魔力延伸清洁先生"

2002 年，宝洁公司提出了一项倡议，把设计作为创新与发展的一个来源。在首席创新执行官克劳迪娅·科奇卡（Claudia Kotchka）的推动下，宝洁的每个部门开始将设计引领的创新纳入公司强大的技术研发中去，而宝洁正是因技术研发而闻名的。

宝洁公司家居护理分部的研发部主任卡尔·罗恩（Karl Ronn），是最早看到这种方式的潜力的高管之一。他宣布的目标不是提升现有的产品和品牌，而是激发会带来显著增长的创新。这让他带着一份自由发挥和约束条件完美结合的项目概要来到IDEO 公司：再造浴室清洁的概念，重点是那些被含糊不清地称作"日常清洁"的部分。罗恩没有带来实验室的最新技术，没有指示设计团队用造型奇特的包装盒来装点新技术，也没有要求我们扩大现有市场份额。罗恩没有把项目概要做得太具体，这有助于设计团队建立一系列现实目标。他也没有把项目概要做得太宽

---

① 即打到底线的竞争。顾名思义，在竞次游戏中，比的不是谁更优秀，而是谁更糟糕。——译者注

泛，这给我们留下了去自己解读概念、去探索、去发现的空间。

　　随着项目的进行和新领悟的积累，是时候通过引入其他约束条件来调整初期计划了，这些约束条件有：修改后的售价、不能使用"电动装置"的限制。这样的中期调整很常见，也是合理、灵活和有活力的进程的自然特征。对最初项目概要的调整，帮助罗恩确定了与他的业务相适应的成本以及复杂度。

　　与此同时，对初始计划的持续改良，有助于引导项目团队恰当地平衡可行性、延续性和需求性三者之间的关系。在大约 12 个星期的过程中，这一精心制作的项目概要激发了惊人的 350 个产品理念、60 多个模型和 3 个进入到开发阶段的想法。其中多功能工具"魔力延伸清洁先生"（Mr. Clean Magic Reach）符合项目概要所提出的每个标准，18 个月后就投产了。

　　在此我想传达的信息是，设计思维需要被两组不同的人共同采用：很明显，设计团队要采用，但同时客户也要采用。我数不清有多少客户走进来说"给我一个 iPod 那样的产品"，我也听到几乎同样多的设计师低声回答"那就给我一个史蒂夫·乔布斯那样的人吧"。约束条件恰当的设计项目概要与约束条件太含糊或太严苛的项目概要之间的区别是，合适的项目概要可能造就一支有突破性想法、热情似火的团队，而糟糕的项目概要则会带来一支只会对现有产品进行微调与改造、无精打采的团队。

"我们"比任何个体都聪明

　　显然，项目团队就是项目的下一个重要因素。虽然依靠个人力量进行设计是有可能的［硅谷的车库里仍然充满了孤独的发明者，立志成为下一个比尔·休利特（Bill Hewlett）或戴维·帕卡德（Dave Packard）］[①]，但是当

---

① 二人被尊称为"硅谷之父"，他们在 1939 年建立了惠普公司，提出了"以人为本，奉客户为先，提供高质量的产品和服务"的"惠普之道"的服务理念。——译者注

今多数项目的复杂性却正迅速将这种做法推向边缘地带。甚至在更传统的工业设计和平面设计领域，团队方式成为标准模式都已经有好多年了，更不用说在建筑领域了。一家汽车制造公司里，每个新车型的设计都有数十位设计师参与。一座新建筑，可能有上百名建筑师参与设计。当设计开始解决各种各样的问题，并在创新过程中逆流而上时，那些独自坐在工作室、沉思形式与功能之间关系的孤单设计师，已经让位给跨学科的团队了。

虽然我希望我们永远不会失去对设计师的尊重——他们是富有创造力的形式赋予者，但现在我们经常能看到设计师与心理学家、人类学家、工程师、科学家、营销专家以及作家、电影制作人一起工作。这些领域和其他更多的领域长期以来都为新产品和新服务的开发贡献了力量，而今天，我们把这些领域的人才整合到同一个团队，在同一个空间中，采用同样的流程。正如工商管理硕士学习如何与所学领域完全不同的艺术硕士和哲学博士进行交流（更不用说偶尔会与首席执行官、首席财务官和首席技术官进行交流），无论是在行动还是在职责方面，这种跨学科的交叉与重叠将会更加频繁地出现。

在 IDEO 公司内部有一个流行的说法："作为一个整体，我们比任何个体都聪明。"而这正是所有组织开启创造力的钥匙。我们要求人们不只简单地提供材料、行为或软件方面的专家意见，还要积极参与创新的每个空间：灵感、构思、实施。然而，为项目配备背景不同、学科各异的人员是需要耐心的。这就要求我们能辨认出那些对自己的专长足够自信，并愿意超越自我的人。

在跨学科的环境中工作，个人需要具备两种维度的能力，也就是做麦肯锡公司定义的"T 形人"。在纵轴上，团队中的每位成员都需要具备一定深度的专业技能，以保证能做出切实的贡献。这种训练有素的专业技能，无论是在计算机方面、机械加工方面，还是在实地与现场的运作中，都很难获得，不过具有这种才能的人却很容易被发现。不夸张地说，也许需要筛选上千份简历才能找到这些独特的、具备专业才干的人，但这是值得的。

不过这还不够。许多设计师是训练有素的技师、手工艺人或研究人员，要在当今这个需要解决复杂问题的混乱环境中生存下去，他们需要付出巨大的努力。这些人也许扮演着重要的角色，但他们注定要生活在设计执行领域的下游。相比之下，具有设计思维的人会跨越这个"T"。他们可能是学过心理学的建筑师，或是有工商管理硕士学位的艺术家，也可能是有销售经验的工程师。有创造力的组织会持续寻找那些既具备专业才能，又具有跨领域合作意向的人，而后一种能力与专业技能同等重要。正是这种能力，最终区分开了仅仅是"多领域"的团队与真正的"跨领域"团队。在多领域团队中，每个成员都成为自己技术专长的拥护者，项目就变成了一场旷日持久的谈判，很可能导致骑墙式的妥协。而在跨领域团队中，想法为集体所共有，每个人都对此负责。

大团队中的小团队

设计思维与群体思维是对立的，但矛盾的是，设计思维是在群体中出现的。正如威廉·怀特（William H.Whyte）[①] 早在 1952 年为《财富》杂志的读者所做的解释：通常，"群体思维"的作用，就是压抑群体中个体的创造力。与之相反，设计思维寻求对创造力的解放。当有才干、有乐观精神、有合作意愿的设计思考者聚到一起，组成一个团队时，会发生某种微妙的变化，从而带来无法预料的行动和反应。为了达到这点，我们必须有效引导这种能量，而做到这点的一种方法就是摒弃单个大团队，创建多个小团队。

---

① 美国社会学家、记者，著有畅销书《组织人》（*The Organization Man*）。——译者注

虽然在实际工作中大型创造团队并不少见，但他们几乎总是出现在项目的实施阶段；相比之下，创意阶段需要专注的小团队，他们的工作就是建立整体框架。

> 1984 年 8 月，当马自达公司首席设计师汤姆·马塔诺（Tom Matano）将米亚塔车（Miata）的概念提交给领导层时，是由其他两位设计师、一位产品策划师和两位工程师陪同前往的。当项目接近尾声时，他的团队已经发展到了三四十人。可以说，任何重要的建筑项目、软件项目或娱乐项目都是如此。下次看电影时，你可以留意演职员名单，并留意前期制作阶段，一定会有一个由导演、作家、制作人和美工设计师组成的小团队，在他们创作出了基本想法之后，大队人马才会上阵。

只要目标简单、有限，这种方式就行得通。在面对更复杂的问题时，我们也许会在项目开始后不久，就扩大核心团队的规模，但这往往会降低速度和效率，因为与创造过程本身相比，团队内部的沟通会占用更多时间。那么，还有其他选择吗？在解决更复杂的系统层面的问题时，有可能保持小团队的效能吗？有一点越来越清楚，那就是，经过合理设计和巧妙配置的新技术，有助于提升小团队的能力。

电子协作的前景不应该是去创建分散在各地且日益庞大的团队，这只会让我们试图解决的内部政治和繁文缛节的问题变得更糟。相反，我们的目标应当是建立相互依赖的小团队网络，正如创意交流网站"创新中心"（Innocentive）所做的。

> 任何一家公司如果有研发问题，都可以在"创新中心"网站上发布挑战，上万名科学家、工程师和设计师可以看到挑战，并提交解决方案。换言之，互联网这个具有分散、非中心化和相互增强特

性的网络，与其说是用来组建新型组织的手段，不如说是新型组织的样本。因为互联网是开源和开放的，所以它可以把许多小团队的能量集中起来，共同解决同一个问题。

目前，先进企业正在努力克服另一个相关问题。随着我们面临的问题变得越来越复杂——错综复杂的跨国供应链，技术平台的快速变化，互不关联的消费者群体突然出现和消失，将更多的专家纳入团队的需求也在增长。这在团队身处同一地点时已经很有挑战性了，而当那些做出重大贡献的合作者分布在全球各地时，这个问题就变得更具挑战性了。

在解决远程合作问题方面，人们也做了很多努力。尽管在 20 世纪 60 年代就发明了视频会议，但到了 20 世纪 80 年代，数字电话通信网络在技术上变得可行之后，视频会议才开始被广泛采用。直到最近才有迹象显示，视频会议已经成为一种远程合作的有效工具。在此之前，电子邮件对于支持团队合作几乎没起什么作用。互联网有助于传播信息，但在增强人际交往方面的作用却很有限。创造型团队不仅要能够用言语，还要能够用图像或行为来分享想法。我不擅长用备忘录与别人沟通。相反，我愿意和同伴待在同一个房间里：有一个人在白板上画草图，另外两个人写便笺，或者把拍立得照片贴到墙上，还有一个人坐在地板上搭建简易模型。我还从没听说过哪种远程合作工具可以替代实时的想法交流。

迄今为止，由于不了解什么因素会激发创造团队并支持团队合作，围绕远程团队主题的创新努力遭遇了挫折。人们过于关注像存储与共享数据或召开有组织的会议这样的单调任务，而没有对开发创意和围绕创意达成共识这类更混沌的任务给予足够的重视。然而，最近却有迹象表明，这些情况正在改变。社交网站的出现表明，人们很愿意与人联系、和人共享以及"发表作品"，尽管这并不会带来直接的回报。没有哪个经济学模型能预测出 MySpace 或 Facebook 的成功。像惠普和思科共同开发的新型"远程呈现"（telepresence）系统这样的技术创新，将代表一次重大飞跃，超越目前所用的视频会议系统。

目前，已有许多小型工具可以为人们所用。

> "永久在线"（Always on）视频链接（也叫"虫洞"）鼓励身处不同地点的团队成员自发进行交流，并为团队提供更多机会，与身处另一个城市、州或大陆的专家取得联系。这种能力非常重要，因为好的想法很少会在预定时间出现，而且出现后可能会在周例会之间的这段时间里消退并最终消失。即时消息、博客和维基可以让团队以新方式发布并共享领悟与想法。这些工具的优点是没必要组建昂贵的 IT 支持团队，只要团队成员家里有个初中生就能运用。毕竟，这些工具中没有一个在 10 年前是存在的。正如技术预言家凯文·凯利（Kevin Kelly）所说的，互联网本身才存在了没多久！

所有这些正在带来合作方面的新尝试，进而带来对团队互动的新领悟。任何一个认真看待设计思维的人，都将在其组织内部推广使用这些工具。

给创新一个空间

谷歌公司有滑梯、粉色火烈鸟以及与真恐龙一般大的充气恐龙。皮克斯公司有海滩小屋。IDEO 公司里一点儿小刺激就能引发一场激烈的手指火箭（FingerBlaster）[①] 大战。

---

① 一款泡沫橡胶玩具，形似火箭，将一端套在手指上，然后向外弹射。——译者注

我们很难对创造性文化的存在视而不见，而上面提到的每家公司都以创造性文化闻名，但是这些创新的象征仅仅是象征而已。要有创造性，工作场所不必疯狂而怪异，也不一定非要地处硅谷。创造性的先决条件是环境——社会环境和空间环境。人们知道在这样的环境中可以实验、冒险，充分探索自己的能力范围。如果人们从一开始就不得不在注定白费精力的环境中工作，那么辨认出周围最聪明的 T 形人，将他们纳入跨学科团队，并让他们与其他团队建立联系是没有多大用处的。组织的物理空间和心理空间协同作用，决定了组织中各成员能否成功。

如果一种文化相信事后寻求宽恕比事前获得许可要好，会因成功而奖励人们，但也允许他们失败，那么一个妨碍新想法形成的主要障碍就被去除了。如果加里·哈默尔（Gary Hamel）[①] 的 "21 世纪将青睐适应性和持续创新" 的论述是正确的，那么一个以创新为 "产品" 的组织，培育能够反映并强化这一观点的环境，就是一种明智的做法。放宽规定并不是允许人们毫无规矩地做蠢事，而是让每个人彼此相连，成为一个整体——许多企业似乎并不愿意采用这种做法。实际上，员工个体过于独立通常反映了组织本身的不足。据我观察，在很多情形下，那些所谓的富有创造力的设计师与企业的其他人是隔绝开来的。尽管他们在自己的工作室里很开心，这种孤单却将他们与外界隔离开来，而且从相反的角度来看，这会破坏组织的创造性尝试：设计师无法接触其他知识和专业技术，而其他人则被灌输一种令人丧气的意识——他们就是一群身着职业套装、有严肃商业道德、朝九晚五的员工，只需照章办事，设计和创意与他们无关。如果设计师、营销人员和工程师共同努力，也许美国汽车业会对市场的变化有更快的反应。

在美国社会科学界，"严肃游戏"（serious play）这个概念有着悠久而

① 世界一流战略大师，当今商界战略管理的领路人之一。——译者注

丰富的历史，但是在实用层面上，没有人比艾薇·罗斯（Ivy Ross）更了解严肃游戏。

美泰公司与"鸭嘴兽"项目

美泰公司（Mattel）负责女孩玩具设计的高级副总裁艾薇·罗斯意识到，美泰各部门很难进行沟通与合作。为了解决这个问题，她创立了为期 12 周、代号"鸭嘴兽"（Platypus）的实验项目。来自公司各部门的参与者需要搬到另一个区域，他们的目标是创造出打破常规的新产品思路。罗斯告诉《快公司》（Fast Company）杂志："其他公司有臭鼬计划，而我们有'鸭嘴兽'。我查了'鸭嘴兽'的定义，它是'不同物种的罕见组合'。"

的确，美泰公司各"物种"间的差别，大到不可能再大了：员工来自金融、营销、工程和设计等各领域。该项目对参与者的唯一要求就是参与者全职参与"鸭嘴兽"项目 3 个月。因为许多参与者以前从未参与过新产品的研发，而且也没几个人接受过任何形式的创新培训，所以项目的最初两周被用来举办"创造力新兵训练营"。在此期间，他们听各领域专家讲解从儿童成长到群体心理学的各类内容，接触了一系列新技巧，包括即兴表演、头脑风暴和模型制作。在接下来的 10 周时间里，他们探索女孩玩具的新方向，并提出一系列新颖的产品概念。最终，他们做好准备，将创意提交给管理层。

虽然严格说来，"鸭嘴兽"项目是在位于加州埃尔塞贡多的美泰公司总部进行的，但是该项目却创造了一个空间，向公司所有的规则提出了挑战。罗斯定期召集新团队，使他们置身于一个特别设计的环境中，在这里人们可以进行各种实验，而在日常工作中这是无法实现的。正如罗斯所料，许多"鸭嘴兽"项目的毕业生在回到他们所在的部门后，继续采用学到的实践方法和观念。然而，他们发现，回到原部门后他们面对的效率至上的文化氛围总是会使创新变得很困难。相当一部分人变得很沮丧，有些人最终离开了这家公司。

　　显然，仅仅将精心挑选出来的人注入为臭鼬、鸭嘴兽或其他愿意冒险的"生物"设计的特殊环境中是远远不够的。也许他们的确会发挥创造性想象力，但是必须还有一个专门设计的计划，帮助他们重回组织。

宝洁与"陶土街项目"

　　在为宝洁公司设计"陶土街项目"（Clay Street Project）时，克劳迪娅·科奇卡就知道有这种需求。这个项目是以辛辛那提市中心一座阁楼的名字命名的，在那里，项目团队可以避开日常干扰，像设计师那样去思考。"陶土街项目"的原理是，某个部门，例如头发护理或宠物毛发护理部门，为每个项目出资并配备项目成员，并鼓励那些提出特别出色想法的团队将想法付诸实施，将产品推向市场。在这个创意的温床上，过时的草本精华品牌被转变为新颖、成功的新产品系列。经历过"陶土街项目"的人，带着新技巧和新理念回到原来的部门后，在公司的全面认可下，他们可以将这些新技巧和新理念应用于实践当中。

运用真实空间催生设计思维

　　尽管设计思维有时似乎过于抽象，但它其实是一种具体思维——具体体现在团队和项目中，当然还体现在创新的实体空间中。在一个重视会议和里程碑的文化中，支持探索和迭代的过程会很困难，而探索与迭代恰恰是设计思维这个创造性进程的核心。令人欣喜的是，我们可以做实实在在的事，以确保各种设施发挥自己的作用，提供便利。IDEO拨出特殊的"项目室"供某个团队在工作期间专用。在某个项目室里，某个团队可能正在考虑信用卡的未来；而在隔壁项目室里，某个团队可能正在设计某种防止住院病人发生深层静脉血栓的设备；在另一间项目室里，某个团队则可能正在为比尔及梅琳达·盖茨基金会设计一套用于印度农村地区的净水输送系统。这些项目室足够大，累积的研究资料、照片、故事板、概念、模型都可以摆放出来，随时可用。同时看到这些项目材料，有助于设计师辨别出各种模式，并能促进创造性整合的产生，而如果将这些资源藏在文件夹里、笔记本上或各种 PPT 文档中，这一点就很难做到了。精心安排与布置的项目室，加上项目网站或项目维基，使团队成员外出去实地时能够保持联络，可以促进团队成员间更紧密的合作，以及团队与外部合作伙伴和客户更顺畅的沟通，从而显著提升整个团队的工作效率。

对创造过程来说，这些项目室必不可少，我们会尽可能地将项目室介绍给客户。

设计背后的故事 CHANGE BY DESIGN

宝洁、世楷与其项目室

宝洁公司在辛辛那提市修建了创新馆，这是个创新实验室，研发团队可以用它来加速项目进程，并更迅速地制作出实体模型。世楷公司（Steelcase）在大急流城建立了学习中心，这是公司内部的培训机构，兼作设计思维空间。每天都有人预订该中心的团队室和项目室，可能是员工在那里上管理技术课程，可能是顾客在了解公司产品如何促进合作，也可能是高层领导者聚在一起讨论公司未来的战略。这些想法甚至还被用在了高等教育领域。IDEO 一个团队与斯坦福学习创新中心（Stanford Center for Innovations in Learning, 简称 SCIL）的教育研究专家合作，为该中心设计出了好几层可调整或随意组合的空间。

考虑到设计思维内在的尝试性和实验性特点，灵活性就是成功的关键因素。正如呆伯特漫画（*Dilbert*）[1] 所展示的，在限定尺寸的空间里，通常只会产生中规中矩的想法。

从有等级、讲效率的文化转变成冒险和探索的文化是一种挑战，我们可以从中学到重要的一课。那些成功实现转型的人，很可能会变得更加投入、更有动力、更多产，而这对他们而言是前所未有的。他们会不计工作时长地投入，因为在形成新创意并将其推向世界的过程中，他们获得了极大的满足。一旦体验到了这种感觉，就几乎没人愿意放弃。

在长达一个世纪的创造性解决问题的历史中，设计师已经找到了一系列的工具，帮助他们穿越我所说的"创新的三个空间"：灵感、构思、实施。我认为，目前需要做的是让这些技巧遍布整个组织。设计思维尤其需要"逆流而上"，更接近做出战略性决策的核心管理层。设计真的太重要了，不应该只留给设计师。

对那些拥有来之不易的设计学位的人来说，想象自己在工作室之外的角色，会让人感觉茫然不知所措，这就跟要求经理像设计师一样思考会使他们感觉很奇怪一样。但对于设计这个日渐成熟的领域来说，这是不可避免的。20 世纪给设计师带来挑战的问题，比如制作新物件、设计新标志，或者给有点儿吓人的技术设计一个惹人喜爱或至少无伤大雅的外包装，已经不再是 21 世纪需要解决的问题。如果我们打算认真对待布鲁斯·毛（Bruce Mau）[2] 宣称的"巨变"——这正是我们所处时代的特质，那我们就要像设计师那样去思考。

就像我鞭策企业将设计的编码写入组织的 DNA 中一样，我还想敦促

---

[1] 在美国非常流行的白领漫画。——译者注
[2] 著名设计师，其作品横跨了平面书籍、标识设计、剧场与展场空间。他的特色是通过设计让大众对社会多一点关注，被称为是设计界中的哲学家。——译者注

设计师继续改造设计实践本身。在这个令人眼花缭乱的世界上，总会有艺术家、手艺人和孤独发明家的一席之地，但每个行业都正在发生的震撼性转变要求人们采用一种新型的设计实践：合作，采用能在某种程度上放大而不是抑制个人创造力的方式；焦点集中同时又很灵活，及时把握预料之外的机遇；不仅注重优化产品的社会、技术和商业元素，还注重各元素的和谐平衡。

新一代的设计师要能做到，在董事会议上像在工作室或工厂里那样自在，要将每一个问题——从成人文盲到全球变暖，都看作设计问题。

让IDEO
告诉你
CHANGE
BY DESIGN

- 创新必然会经历三个空间：灵感、构思、实施。
- 失败得越早，成功就越快来临。
- 最好采取一种实验的方式：分享流程，鼓励共享创意，并使团队间能够相互学习。
- 没有约束，就不可能有设计，最佳的设计通常是在极其苛刻的约束条件下设计出来的。
- 一份构思周密的项目概要能够包容意外收获的出现、不可预测的发生以及命运的反复无常和变幻莫测，因为它正是创造性的温床。
- 如果一种文化相信事后寻求宽恕比事前获得许可要好，会因成功而奖励人们，但也允许他们失败，那么一个妨碍新想法形成的主要障碍就被去除了。

CHANGE BY DESIGN

How design
thinking
transforms
organizations
and
inspires
innovation

第 2 章

变需要为需求，把人放在首位

几年前，在办公室电话系统处于研究阶段期间，我们采访了一位旅行社职员，她发明了一套极其有效的"变通方式"用于电话会议。她并没有跟公司复杂得不可思议的电话系统作斗争，而是采用了一种简单的方法——用不同的电话机打给每个参会者，然后把电话听筒摆在她的办公桌上。明尼纳波利斯市的朱蒂在她左边，坦帕市的马文在她右边，这样他们三个人就可以制订一套复杂的行程。费尽心力设计界面的软件工程师，大概会求助于那句标准用语——"参阅可恶的手册"。而对于设计思考者来说，行为从来没有对错之分，行为总是有意义的。

　　借用彼得·德鲁克的一句妙语，设计师的工作就是"将需要转变为需求"。从表面上看，这句话很简单：弄清楚人们想要什么，然后给他们就行了。但是如果事实这么简单，那为什么没出现更多像 iPod、MTV、eBay 和丰田普锐斯这样的成功案例？我认为，答案是：需要将人放回到故事的中心。要学会将人放在首位。

　　关于"以人为本的设计"及其对创新的重要性，

已经有很多著述了。然而，由于鲜有确实令人信服的案例，现在我们应该探讨一下为什么认清需要并相应地进行设计会如此困难。根本问题大概在于，人们能机敏地应对各种不便利的情况，且通常他们都没意识到自己正在这样做：把汽车安全带坐在屁股底下，把密码写在手上，把夹克挂在门把手上，把自行车锁在公园长椅上……

亨利·福特深有感触，他曾提到"如果问我的顾客想要什么，他们会说'更快的马车'"。这就是为什么采用像焦点小组和市场调查这样的传统手段，很少能够得到重要的领悟，因为在多数情况下，这类方法只是简单地问人们想要什么。传统的市场研究工具在指向渐增式改进方面是有用的，但是这些工具永远不会带来那些打破常规、改变游戏规则、转变思维方式的突破，我们会挠着头纳闷，为什么以前就没人想到这些突破。

我们真正的目标其实不是设计更快的打印机或更符合人体工程学的键盘，来满足显而易见的需要，那是传统设计师的工作。帮助人们明确表达那些甚至连他们自己都不知道的潜在需求，这才是设计思考者面临的挑战。

我们应该如何应对这个困难？我们需要什么样的工具，以指引我们将适度的渐增式变化跃升为实现根本性转变所需要的洞察力？在本章中，我将重点讨论所有成功设计项目都具备的三个相互加强的元素。我把它们称作洞察力、观察和换位思考。

洞察力：从他人的生活学习

洞察力是设计思维的关键来源之一，通常它并非来自成堆的定量数据，因为这些数据只能精确测量我们已有的东西，告诉我们那些我们已经知道的东西。一个更好的切入点是走进这个世界，去观察上班族、滑板爱好者和护士如何度过他们的每一天，去观察他们的实际经历。我的同事、人类行为研究的先驱之一、心理学家简·富尔顿·苏瑞谈到了人们每天所做的大量"不假思索的行为"：商店店主用锤子做门挡；上班族把标签贴在办公桌下密布的电脑连接线上。作为产品消费者、服务使用者、大楼住户或数字界面使用者，他们恐怕很难告诉我们该怎么办。然而他们的实际行为却能为我们提供宝贵的线索，帮助我们探查出那些未被满足的需求。

从根本上来说，设计是一种创意的形成，但我并不想渲染某种神秘或浪漫的色彩。在分析型的程式运算中，解题仅仅需要找到缺失的那个数，但是任何像我这样对中学代数学得很费劲的人都知道，要想找到这个数有多吃力。可是，在设计的运作中，问题的答案并没有藏在某个地方等待我们去发现，而是蕴藏在团队的创造性工作中。创造性过程会产生出以前并不存在的想法和概念。这些想法和概念更可能是由观察一个业余木匠的古怪操作或一个机械加工车间里不协调的细节引发的，而不是靠雇用专业顾问或要求"统计学意义上的普通人"回答问题、填写问卷得来的。因此，有助于项目开展的洞察阶段与后来才会涉及的工程设计阶段同等重要，而我们必须从每一个可以发现领悟的地方去获得领悟。

从设计到设计思维的演化，实际上是由创造产品演化到分析人与产品间的关系，进而再演化到分析人与人之间的关系。实际上，近年来一个引人注目的发展是设计师把注意力转向了社会和行为问题，例如帮助病人坚持服药，或从食用垃圾食品转向食用健康零食。

美国疾病控制与预防中心和詹妮弗个案

当美国疾病控制与预防中心找到 IDEO，提出要应对儿童和青少年流行性肥胖症的挑战时，我们把握住了这个机会，将定性研究手段应用于一个可能会对社会产生实际影响的问题。在搜寻领悟的过程中，由人类行为专家组成的团队电话联系了旧金山

"感觉好就是健康"（Feeling Good Fitness）俱乐部的詹妮弗·波特尼克（Jennifer Portnick）。

詹妮弗曾梦想成为一名爵士健美操① 舞蹈老师，但她体形过胖，要穿加大码的衣服，因此被认为不符合爵士健美操公司对加盟商提出的要有"健康外表"的要求。她反驳说"健康"与"胖"并非水火不相容，并将公司告上法庭。她的官司赢得了国际关注，迫使爵士健美操公司废除了体重歧视的规定。詹妮弗的故事鼓舞了无数人，他们中有男有女、体态各异，都因先天或后天的身体不良特征而受到歧视。然而，她的故事还在另一个层面上启发了设计思考者。由于处于正态曲线的两端，她能够帮助设计团队以一种全新而有见地的方式来界定问题。"所有胖人都想减肥""体重与幸福成反比""体重过高的人通常缺乏自制力"，这些都是先入为主的假定。

与成堆的统计数据相比，詹妮弗的个案为项目团队提供了针对青少年肥胖问题的更为深刻的见解。

与搜寻靠得住的数据正相反，寻找领悟的容易之处恰是它随处可见，而且是免费的。

观察：关注人们没有做的，倾听人们没说出来的

走进任何一个世界顶级设计顾问公司的办公室，你的第一个问题很可能会是"人都去哪儿了？"当然，设计师要花很多时间待在模型制造车间里，待在项目室里，或是待在电脑前，可是他们要花更多时间外出，去实地跟那些最终应从设计工作中获益的人们待在一起。虽然食品店顾客、办

① 由爵士舞爱好者、美国人朱蒂·夏帕德·米赛特（Judi Sheppard Missett）于 20 世纪 60 年代创造的一种健身舞蹈，融入了爵士舞、抗阻训练、普拉提、瑜伽、跆拳道等元素。——译者注

公室工作人员和学生不是在项目结束时给设计师开支票的人，但他们是设计师的终极客户。了解他们的唯一办法就是把他们从居住、工作和玩耍的地方找出来。因此，我们接手的几乎每个项目当中都包括长时间的观察。我们关注人们做了什么以及没做什么，倾听他们说了什么以及没说什么。这需要练习。

要决定观察谁，采用什么研究手法，如何根据收集到的信息得出有用的推论，或者什么时候启动可以引导我们找到解决方案的整合过程，这些都不容易。正如任何一位人类学家都可以证明的那样，观察依赖于质量，而非数量。一个人所做的决定，可以极大地影响其获得的结果。企业熟悉目前市场主流顾客的购买习惯，这是讲得通的，因为正是这些人将在很大程度上验证某个想法的可行性，例如芭比娃娃的秋装样式，或者明年是否要在去年推出的车型中增加新功能。可是，仅仅将注意力集中在多数顾客身上，很可能只是对已知的事物进行了确认，而不会带来令人吃惊的新发现。为了打破常规并找到全新的领悟，我们需要关注边缘地带，在那儿我们一定会发现"极端"用户，他们的生活方式、思维方式和消费方式都与普通人不一样，例如一个收藏了 1 400 个芭比娃娃的收藏者或是一个职业偷车贼。

跟有妄想症、强迫症和其他异常举止的人混在一起，虽然会让生活变得有趣些，但也会让人心神不宁。幸运的是，设计师并不总是需要走到这么极端的地步。

塞利斯公司与新式厨具

几年前，瑞士塞利斯公司（Zyliss）聘请 IDEO 开发一系列新型厨房用具，设计团队从研究孩子和专业厨师入手，尽管这两类人都不是这些主流产品的目标用户。然而，正是由于这个原因，设计团队从这两类人那里获得了很有价值的领悟。一个 7 岁女孩使用罐头起子时非常费力，揭示了成年人其实掩饰了自己使用工具时的困难。某个饭店厨师偷巧的方法说明他对厨房用具的要求非常高，这给设计师带来了意想不到的关于清洁方式的领悟。这类非主流人群特有的看似夸张的需求，引导设计团队摒弃了"配套"的正统观念，创造出了一系列新产品，这些产品既体现了共通的设计元素，又为每款工具赋予了个性化演绎。结果，塞利斯公司出品的搅拌器、刮铲和比萨刀持续热卖。

行为转变：用领悟激发未来产品

尽管多数人可以把自己训练成灵敏、熟练的观察者，有些公司却还是依靠见多识广、经验丰富的专业人士来指导这个过程中的每一步。事实也是如此，当今设计领域的一个显著特征，就是有很多经过严格学术训练的社会科学家选择了学术界以外的职业，而参与到设计领域中。第一次世界大战后，只有屈指可数的经济学家进入政府工作，但随着第二次世界大战的爆发，一小部分社会学家破天荒地进入了私营企业，即使他们的学术界前同事对他们放弃"正统"学术生涯的做法很不以为然。可是在今天，一些在行为科学领域最富想象力的研究，正是由那些非常看重设计思维的企业赞助的。

英特尔公司是公认的全球领先的芯片制造商，公司在以人为本的研究实践中投入了大量的资金。首席工程师玛莉亚·柏赞提斯（Maria Bezaitis）领导了一支由心理学家、人类学家和社会学家组成的人与实践研究团队（People and Practices Research Group），他们研究了摩洛哥的穆斯林女性以及波特兰爱彼迎（Airbnb）房东使用移动支付的情况，希望能在当地发现一些对全球有重大意义的行为。2005 年，吉纳维芙·贝尔（Genevieve Bell）组建了英特尔公司的第一个用户体验团队，她奔走于全球各地，观察人们在汽车里、厨房里，以及在体育赛事和宗教仪式上与科技互动的过程，她的目的是"在产品中内化用户使用行为"。

为什么硅谷的一家半导体公司会资助一群"离经叛道的"社会学家去研究东欧或西非的文化实践？因为现在全球使用互联网的人口只占人口总数的约 50%。英特尔知道，当另外 50% 的人口也能上网时，它必须做好准备。

英特尔公司并不是唯一一家从观察中提取洞见，并以此来激发未来产品创新的企业。实际上，以研究为基础的用户体验领域，或者叫用户体验设计领域，在最近几年出现爆发式发展，而且为设计师的工具包里增加了一系列强大的定性工具和定量工具。IBM、微软、谷歌和思爱普等公司已经认识到，哪怕是最深奥的科技产品也关系到用户个体，他的需求、偏好和认知决定了这个产品的成败。在爱彼迎、领英、奈飞[①]、Facebook、FitBit 和 Uber 这些用户导向的公司中，对研究用户体验的人才需求非常旺盛。

在学术界和工业界工作的社会科学家们在专业上很容易相通，他们拥有同样的学位、读同样的期刊、参加同样的会议，但是他们也有不同之处。典型的学者是由科学目标推动的，而像柏赞提斯和贝尔这样的研究人员，更注重将发现转变为长期实际的应用；而且她们都有极高的专业素养，这主要是因为她们掌握了市场趋势和热点，定期进行调研，就像美国少年棒球联合会对棒球很在行。

沿着这种趋势发展下去，下一个阶段则以新一代的人类学家为代表人物，他们在项目的压缩时间框架内工作。与单个学者孤立的理论建构，或

[①] 流媒体巨头奈飞是当今世界上最成功的公司之一，市值一度超越迪士尼，它的成功非常值得人们思考。如果你对此感兴趣，可阅读由湛庐文化策划、浙江教育出版社 2018 年出版的《奈飞文化手册》中文简体字版。——编者注

者英特尔、微软研究部门中社会科学家的群策群力不同，只有在把这些人整合到跨学科的项目团队中时，他们才有最佳的工作状态，而这些团队当中可能包括设计师、工程师和市场营销人员。他们与其他人分享的经验，将成为项目全过程中新想法至关重要的来源。我有很多机会在 IDEO 的同事中看到人种志 [①] 研究的模式。

"社区建设者" 组织与入户体验

名为"社区建设者"（The Community Builders）的非营利组织是美国最大的低收入及混合收入公共住房非营利开发者。在为这个组织所做的项目中，IDEO 成立了一支由一位人类学家、一位建筑师和一位人因研究专家组成的团队。团队成员一起走访了承建商、规划人员、市政官员以及当地的企业家和服务提供商，但还不止于此——真正的领悟发生在团队到三个家庭中过夜时。这三个家庭收入不同，生活轨迹也各异，但都住在肯塔基州混合收入社区杜威尔园（Park Duvalle）。

这一方法的效果在后续的一个项目中更为突出，这个项目旨在开发工具包，帮助非营利组织应用以人为本的设计，来满足非洲和亚洲以农田劳作为生的农民的需求。这一次，设计团队与来自国际发展企业（International Development Enterprises）的合作者一起，到埃塞俄比亚和越南的农庄里过夜。这些受访者原来也许会无可厚非地对来访的人类学家或坐着闪亮越野车的救助官员怀有戒心，但随着时间的推移，研究人员与受访者建立起了某种程度的信任，这种信任又营造了真诚、换位思考和相互尊重的氛围。

---

① 人种志是人类学家对一个群体互动生活方式的叙述，即是一门叙述文化过程的科学。——编者注

尽管英特尔、微软和 IDEO 等公司的行为科学研究人员是训练有素的专业人士，但是有些时候，我们会"委托"我们的客户并让他们亲自从事"观察"这项艰巨的工作。这样做是有道理的。当我们把一个袖珍笔记本塞到宝洁公司首席执行官雷富礼（A. G. Lafley）手中，然后派他去伯克利琳琅满目的电报大道采购唱片时，我们觉得没什么大不了的。众所周知，雷富礼对那些满足于从行政套房或公司加长豪华车的茶色车窗向外俯视世界的总裁们没有耐心，他更愿意深入顾客生活、工作和购物的地方去观察。当然，正是基于这种看待事物的方式，他发出了那句广为流传的宣言："大众营销已经死了。"

还有一些时候，客户会主动为我们提供线索，告诉我们可以去哪里寻找领悟。

设计背后的故事 CHANGE BY DESIGN

IDEO 与医疗体系改进研究会

IDEO 与医疗体系改进研究会（Institute for Healthcare Improvement）、罗伯特·伍德·约翰逊基金会（Robert Wood Johnson Foundation）共同开展了一项急救护理项目。在这个项目进行的过程中，医疗体系改进研究会的一位成员报告了他在印第安纳波利斯 500 英里大奖赛（Indianapolis 500）①上的经历。一辆冒着烟的赛车开进中途修理站，一支训练有素的专业人士队伍带着最先进的工具在精确地判断出了什么问题后，在几秒钟内就完成了所有必要的修理工作。改动这句话中的几个词，就能得出一个对医院创伤中心的精准描述。当然，我们也要去探查真正的急诊室环境，观察工作中的医生和护士，但是观察"类似"的情形，比如印第安纳波利斯 500 英里大奖赛的中途修理站、附近

---

① 是一场由美国印第赛车联盟（Indy Racing League）举办的汽车运动大赛，每年在印第安纳波利斯赛道举办。——译者注

的消防队、课间休息时的小学校操场，经常会促使我们从习以为常的参照系中跳出来，因为如果局限在此参照系中，我们会很难了解更全面的情况。

换位思考：真切体会别人的感受

进行上述观察可能要花几天、几个星期或几个月的时间，可是在结束后我们得到的只不过是一堆实地笔记、录像带和照片，除非我们可以和观察对象站在相同的立足点上。我们将其称为"换位思考"，而这也许是学术思维与设计思维最根本的区别。我们并不是想创造新知识、验证某个理论或证明某个科学假说，那是大学教授要做的工作，当然它们也是共享知识领域里不可或缺的一部分。设计思维的任务，是将观察结果转化成领悟，再将领悟转化成能改善人们生活的产品和服务。

换位思考是一种心理习惯，能促使我们不再将人看作实验用的小白鼠或标准偏差。如果我们要"借用"别人的生活来激发新想法，那首先要意识到，这些令人费解的行为代表了这些人在应对令人困惑、复杂、矛盾的世界时所采取的不同策略。20 世纪 70 年代，在施乐 PARC 研究中心研发出的电脑鼠标是工程师为工程师发明的复杂技术装置。对这些工程师而言，一天的工作结束后，把鼠标拆开清理干净是很好理解的。但是，当初出茅庐的苹果电脑公司要我们协助开发一种"给普通人用"的电脑时，我们就上了换位思考价值的第一课。

和工程师或营销主管一样，一位设计师如果仅仅根据自己的标准和要求来做设计，就会错失很多机会。30 岁的男子与 60 岁的妇人，他们的生活经历不会一样；有钱的加州人和住在内罗毕郊区的佃农几乎没有什么共同之处；一位有才华、勤勉认真的工业设计师，在结束一次活力十足的山地自行车骑行后坐到办公桌前，这时的他也许并没准备好为患有风湿性关节炎的祖母设计一套简单的厨房小用具。

我们通过换位思考建立起洞察力的桥梁，换位思考是通过别人的眼睛来看世界、通过别人的经历来理解世界、通过别人的情绪来感知世界的一种努力。

德堡医疗中心与亲身体验

2000 年，圣路易斯 SSM 德堡医疗中心（SSM DePaul Health Center）的首席执行官罗伯特·波特（Robert Porter）带着他的愿景找到了 IDEO。波特看过美国广播公司《夜线》栏目（*Nightline*）的一期节目，在那期节目里，栏目主播泰德·考博尔（Ted Koppel）向 IDEO 发出挑战：在一周时间内重新设计美国的购物车。波特希望我们能将设计流程应用于新医疗中心的建设。可是我们也有一个愿景，我们看到了一个机会，可以实现全新而激进的"合作设计"过程，并通过这个过程使设计师和医疗专业人士协同工作。我们给自己的挑战是从急诊室入手，这可能是所有医院对环境要求最高的部门了。

核心团队成员之一克利斯蒂安·西姆萨里安（Kristian Simsarian）凭借自己在人种志研究方面极强的专业性，着手体验病人的经历。他就像一个真正的患者那样，经历从登记、入院到接受检查等一系列急诊程序。西姆萨里安假装脚受了伤，将自己置身于普通急诊室患者的位置。他目睹了登记的过程是多么令人迷惑。

当西姆萨里安被告知需要等候，但却没人告诉他在等什么或者为什么要等时，他感到了烦躁。当被一位不知是谁的医院工作人员用轮椅推着，沿一条不知通向哪里的走廊，穿过一扇令人生畏的双开门，进入喧闹的、令人晕眩的急诊室时，他体会到了由此而引起的焦虑。

我们都曾有过类似"第一次"的经历：买第一辆车，去一个从未去过的城市，为年迈的父母挑选生活辅助设施……在这种情况下，我们会以一种极高的敏锐度来看待每件事，因为我们对这些事不熟悉，它们还没有变成融入日常生活的容易应对的常规行为。西姆萨里安小心翼翼地把摄像机藏到他的病号服下面，以一种外科医生、护士、救护车司机都无法做到的方式，捕捉到了病人的经历。

当西姆萨里安完成这项秘密任务回来后，设计团队回放了未经剪辑的录像，发现了许多可以改善病人体验的机会。当耐着性子看完没完没了的吸音天花板、看起来都一样的走廊和毫无特色的等候区时，团队成员越来越清楚地知道，这些细节才是他们所要讲述的新故事的核心，而不是医护人员的效率或设施的质量。录像上令人窒息的沉闷，把设计团队带进了病人对不透明就诊过程的体验。这让团队中的每个人都体验到了无聊与焦虑的混合感觉，当感到迷失、信息不全且局势不能掌控时，这种感觉就会袭来。

设计团队意识到，在这个情景中有两种相互抵触的描述：医院看到的是用保险确认、医疗优先和床位分配来描述的"病人经历"。而病人的亲身经历则完全不同：本来就因生病而紧张的感觉会在治疗过程中变得更糟。根据这些观察结果，设计团队得出了结论：医院既要考虑从医疗和管理角度提出的合理化要求，又要考虑与关注在此情境中病人的体验与感受。这一领悟成了影响深远的"合作设计"项目的基础，在此项目中，IDEO 的设计师与德堡的医务人员协同工作，仔细探查了上百个可以改善患者体验的机会。

西姆萨里安对急诊室的造访暴露出患者就诊经历的多个层面。在最显而易见的第一个层面上，我们了解到他所处的实际环境：我们能看到他所看到的，触摸到他触摸到的；我们观察到的急诊室是个紧张、拥挤的地方，在那里病人几乎得不到任何提示，不知道正在发生什么；我们感觉到了拥挤的空间和狭窄的走廊，并注意到预先计划好的和即时发生的互动都会在此发生。我们或许可以推断出，急诊室的设施是根据专业人员的需求，而不是根据患者的舒适度而设计的，虽然这样设计也许不无道理。当好像无关紧要的细节逐渐积累起来后，领悟就会带来新的领悟。

第二个层面的理解不如认知那么具体。通过亲自感受患者的经历，设计团队获得的重要线索也许有助于将领悟转化为机会。患者是如何理解他所处的境况的？初次就诊的人如何搞清楚这个物理空间和社交空间？什么东西最让他们感到困惑？这些问题对认清所谓的"潜在需求"至关重要，这些潜在需求可能很强烈，但人们却无法清楚地将其表达出来。通过与前往急诊室忧心忡忡的患者（或登记入住万豪酒店的筋疲力尽的旅客，或在美国国铁售票处心烦意乱的乘客）换位思考，我们可以更好地设想出如何改善用户体验。有时我们用这些领悟来强调新方法；而在另外一些情况下，采用普通和更熟悉的方式会更为合理。

施乐公司、朱尼珀金融公司与从普通人出发

20 世纪 70 年代，蒂姆·默特（Tim Mott）和拉里·泰斯勒（Larry Tesler）在施乐公司 PARC 研究中心从事原始图形用户界面的研发，当他们提出将此界面比作桌面时，对普通事物和熟悉事物的认知发挥了作用。这种普通人更能理解的比喻，将计算机从只对科学家有价值却难以让普通人亲近的新技术，转变为可以用来完成办公室事务甚至是家庭事务的工具。

30 年后，初创公司朱尼珀金融公司（Juniper Financial）邀请 IDEO 帮助他们思考，银行是否一定要有银行大楼、保险柜和出纳。

在探索网上银行业务这一未经开发的领域时，我们的入手

点是尝试更加深入地理解人们如何看待自己的金钱。这种做法极具挑战性，因为我们无法通过观察某人付账单或从自动取款机上取现金的行为过程，看到某人想到金钱时的认知过程。设计团队采取的方法是，要求被选定的参与者"画出金钱"——不是画出他们钱包中的信用卡或手提包里的支票本，而是画出金钱在他们生活中所扮演的角色。一位我们称为"寻路者"的参与者画出了《大富翁》游戏里那样的小房子来代表她的家庭、她的 401（k）退休计划[①]和一些租赁资产，因为她关注的是资产的长期稳定性。另一位被称为"观望者"的参与者画了一幅图，一边是一堆钱，另一边是一堆商品。她非常坦率地对设计团队成员解释说："我挣钱，然后买东西。"这位"观望者"将注意力完全集中于日常的财务状况，对未来几乎没有任何打算。从这样的认知实验入手，由研究人员、策略家和设计师组成的设计团队，设计出了一种精巧的市场分析方法，帮助朱尼珀金融公司细化了目标市场之后，朱尼珀金融公司便被巴克莱银行（Barclays）收购，并入了信用卡业务部，但是在网上银行还不为人知的时候，它是第一批在这个领域建立有效服务体系的金融公司之一。

第三个层面的理解超越了功能和认知的层面，当我们开始理解什么样的想法会引起人们的情感反应时，这个层面就开始发挥作用了。在这里，对情感的理解至关重要，可以帮助企业将顾客转变为拥护者，而非对手。

- 目标人群的感受如何？
- 什么东西会触动他们？
- 什么东西可以推动他们？

---

① 美国政府于 1981 年创立的一种专门适用于营利性私人企业的延后课税（Tax Defer）退休账户。——译者注

奔迈导航者与奔迈 V

奔迈导航者（Palm Pilot）无疑是一项精巧的发明，而且它理所当然地得到了广泛认可。奔迈导航者的发明者杰夫·霍金斯（Jeff Hawkins）开始于这样的领悟：小型移动设备的竞争者，不是功能齐全的笔记本电脑，而是人们每天从衬衣口袋或手提包里拿进拿出上百次的简单纸质记事本。20 世纪 90 年代中期，当霍金斯开始研究奔迈时，他决定打破传统思维，创造一款技术上不可能做到的产品。软件工程师是否能把数据表格、彩色图形和车库门开启器的功能设计进奔迈，这无关紧要；最好是能将不多的几个功能设计得很好，只要这些都是恰当的功能——通讯录、日历和待办事项，仅此而已。

第一代奔迈掌上电脑在熟悉电脑技术的早期用户中非常流行，但是它笨重的灰色塑料外壳并没有引起普通大众的兴趣。为了探索这难以捉摸的特性，霍金斯与 IDEO 的丹尼斯·博伊尔（Dennis Boyle）合作，开始重新设计外形，要令产品不仅在功能层面，还要在情感层面对用户有吸引力。奔迈掌上电脑的界面并没有什么改动，但是它的外在特性——设计师所说的"外形因素"则焕然一新。首先，奔迈掌上电脑做得很薄，可以很自如地放入衣服口袋或手提包中，如果放入后从外面还能看得出，博伊尔就会让设计团队重新改进。其次，给人一种时尚、高雅、精致的感觉。设计团队找到了一种日本相机制造商采用的铝压花技术和一种充电电池，而该电池的提供商甚至都怀疑这种电池能否用在奔迈上。这些追加的开发工作没有白费力气。奔迈 V 于 1999 年上市，销量一路飙升到 600 万台。该产品之所以能打开掌上电脑市场，并不是因为它定价更低，有附加功能，或者有技术创新。雅致的奔迈 V 具有它所保证的所有功能，而它的高雅外表和专业感觉，则在情感层面上吸引了一大批新用户。

超越个体：把针对个人的换位思考延伸开来

如果把每一位顾客看作一个心理单元，只希望对单个顾客有所了解的话，我们可能会就此停步。我们已经学会在顾客的自然生存环境中对其进行观察，并从其行为中获得领悟；我们已经认识到，必须进行换位思考，而不是以统计学家式的冷静超然态度对顾客进行分析。但是结果证明，即便针对个人进行了换位思考也还是不够。即便设计师对某个特定市场有了透彻的了解，他们所采用的通行"市场"概念也仍然是许多个体的总和。这一概念很少会探究团体之间是如何互动的。从总体大于各部分相加之和这一前提出发，设计思考者将市场概念进行了延伸。

随着互联网的发展，我们清楚地认识到，必须把对市场的理解延伸到团体内部成员之间的社交互动以及团体之间的互动。从社交网站到手机应用程序，再到庞大的网络游戏世界，几乎所有的网络服务都需要对大规模团体内部及其之间的互动有所了解。那么作为个体，人们想要达到什么目标呢？什么样的集体效应正在形成，是"聪敏的民众"还是"虚拟经济"？一旦个人回到由原子、蛋白质和砖石组成的平淡无奇的真实世界，他作为网络社区成员的身份将如何影响他在真实世界里的行为？今天，在不设法理解集体效应的情况下，很难想象可以创造出哪怕是一把椅子这么简单的东西。

当办公家具生产巨头世楷公司在帮助客户设计适宜的工作环境时，设计师采用了网络分析的方法，了解客户的组织中哪些人之间会存在互动，应该在设计中考虑哪些部门、功能甚至个人。只有在了解了这些情况之后，考虑书桌、收纳用具和符合人体工程学的椅子才有意义。在设计用以辅助办公室内部及办公室之间资源共享的系统时，可以采取类似的方式。仅仅要求人们回顾并详细叙述他们的时间通常花在什么地方，或他们经常跟谁交流是不够的，用这种方式收集来的信息通常很不准确。哪怕叙述者并不是有意歪曲事实，人们的记忆也总会出错，而且他们对问题的回答很可能是他们所认为的事实真相。像视频人种志纪录方法（即用摄像机长时间记录群体行为）和计算机互动分析这样的工具，有助于收集人们之间以及团体之间动态互动的更准确的数据。

还有另一组因素促使我们重新思考如何与顾客建立联系，而这正是文化差异的普遍事实——这应成为我们在面对信息饱和、全球紧密联系的社会时所关注的焦点。很明显，如果西姆萨里安对急诊室的亲身观察发生在非洲撒哈拉，而不是美国郊区，那将带来完全不同的领悟。

设计师被认为是专业技艺的承载者，设计师的技艺是可以从学校里学到的，经过专业实践的磨炼，设计师可以被派到任何地方去设计更好的台灯或数码相机，但现实削弱了设计师的这种理想形象。花时间了解一种文化，可以带来创新的新机会。这一点也许会帮助我们发现那些超越自身文化的通用解决方案，但是这些解决方案总是源于换位思考。

从接触到观察，再到换位思考的变化，最终会将我们引向最令人感兴趣的问题：如果文化如此多样，如果 20 世纪"不服管教的暴民"的形象已由 21 世纪"民众的智慧"这一发现所替代，那么如何开发这种群体智慧，令其释放出设计思维的全部能量？一定不要把设计师想象成冒险进入一个不同的文化，并极其客观地去观察当地人的勇敢的人类学家。相反，我们需要发明一种完全不同的新型合作方式，以此来模糊创造者和顾客的界线。这不是"我们对抗他们"或者"我们为了他们"，对设计思考者来说，这应该是"我们偕同他们"。

过去，顾客被看作分析的对象，或者更糟，被当作掠夺性市场策略的不幸目标。而现在，我们必须转向不断加深的合作，这种合作不仅仅局限在设计团队成员之间，还存在于设计团队和他们要影响的受众之间。正如霍华德·莱茵戈德（Howard Rheingold）[1] 在他的"聪明群氓"研究中以及杰夫·豪（Jeff Howe）[2] 通过"众包"（crowdsourcing，更正式的名称是"分散式参与设计"）所展示的，新技术预示了有希望形成这种联系的方法。

企业对顾客在设计与开发产品的过程中所扮演角色的看法，正在发生明显的变化。早年间，企业会凭空构思出新产品，然后雇用大批营销专家和广告专业人员把这些产品卖给民众——通常是利用人们的恐惧感和虚荣心来实现的。渐渐地，这种方式开始让位于一种更微妙的方式，包括接触民众，观察他们的生活和经历，并激发新想法。今天，我们进一步超越这种"人种学"模型，采用了由新观念和新技术所激发和支持的方式。

我的同事简·富尔顿·苏瑞甚至已经开始探索设计演变的下一阶段，从"为民众创造"演变为"与民众一起创造"，再演变为民众通过用户生成内容和开源创新来自行进行创造。"每个人都是设计师"的想法虽然很有吸引力，但相对于更高效、更廉价地复制已有想法，顾客是否有能力靠自己的力量形成突破性想法，还远未得到证实。莫兹拉公司（Mozilla）连同它旗下的火狐网页浏览器，是为数不多的几个采用开源方式建立广受认可品牌的公司之一。

这些局限并不意味着用户生成的内容不够吸引人，或者不可能成为从创新"大锅"里脱颖而出的下一个重大创新。有人曾宣称，在音乐界，与我们曾在大众媒体自上而下的"统治"中看到的情况相比，用户生成的内容正带来更广泛的介入和参与。也许事实确实如此，然而，就是最忠实的开源设计拥护者也会承认，目前这种开源方式还没有产生出它自己的莫扎

---

[1] 美国评论家与作家，他的研究领域侧重于现代通信媒介，如互联网、移动电话和虚拟社区（virtual community，他创造了该术语）等，对文化、社会和政治的影响。——译者注
[2] 美国《连线》（*Wired*）杂志记者，提出了"众包"的概念，即一个公司或机构把工作任务以自由自愿的形式外包给非特定的（而且通常是大型的）大众网络。——译者注

特、约翰·列侬或者迈尔斯·戴维斯（Miles Davis）[1]。至少目前还没有。

目前，最大的机会存在于"企业创造新产品、顾客被动消费产品"这一 20 世纪观念，与"顾客自行设计所需的一切"这一未来愿景之间的空间里。在此空间中，存在着创造者和顾客之间更深入的合作，在企业和个人的层面上，创造者和顾客之间的界线变得模糊了。个人不再让别人把自己一成不变地看作"消费者"、"顾客"或"用户"，现在他们可以认为自己是创造过程的积极参与者。基于同样的原因，组织与公众之间的界线也正变得模糊起来，正是这些公众的幸福、舒适和福利，决定了组织的成败与否，而各类组织与机构必须乐于接受这种界线模糊所带来的变化。

旨在增强创造者和消费者之间合作的创新策略的证据随处可见。

在一项由欧盟资助，探索数字技术如何强化社会结构的创新项目中，伦敦皇家艺术学院（Royal College of Art in London）的托尼·杜恩（Tony Dunne）和比尔·盖沃尔（Bill Gaver）开发出了一套"文化探测器"——日志练习和廉价摄像机，可以让年长村民记录他们的日常生活。在更迎合年轻人文化的视频游戏和运动服饰等行业，从概念研发到产品测试这一开发过程的每一个阶段，开发者与熟悉技术的年轻人协同工作都是很常见的。纽约的血汗股权公司（Sweat Equity Enterprises，意指为项目投入时间和精力，而不是"金融股权"或金钱），与耐克公司、日产公司、沙科电子连锁公司（Radio Shack）[2]合作，邀请内城的高中生共同开发新产品。赞助公司从"大街"上捕捉到前沿的领悟（那是比管理层更可靠的创意来源），同时也为缺少教育资源的市区青年带来持续的教育投资和机会。

---

① 小号手，爵士乐演奏家，作曲家，指挥家，20 世纪最有影响力的音乐人之一。——译者注
② 美国信誉最佳的消费电子产品专业零售商之一，在美国有多家连锁零售店、经销商网点以及独立销售亭。——译者注

我们在 IDEO 开发出的一种让消费者 – 设计师参与到想法的生成、评估与开发中的技术，就是采用"非焦点小组"，做法就是把一批消费者和专家聚集在一起，以工作坊的形式，围绕某个特定主题共同探索新观念。传统的焦点小组把随机找来的"普通人"聚集在一起，藏在单向镜后面的研究者则对这些人进行全方位的观察，而非焦点小组会指明每个独特个体的身份，并邀请他们参与活跃的合作式设计实践。

设计背后的故事

IDEO 与让用户参与进来

在一次令人难忘的调研活动中，为了设计新的女鞋，我们邀请了一位色彩顾问、一位引领新会员赤脚走火炭的心灵引导师、一位对高筒靴有特殊爱好的年轻母亲和一位身着制服而脚踩金属细跟鞋的女司机。不用说，这些人非常善于表达鞋子、脚和人的状况之间的情感联系。调研结束回到旧金山自己的小圈子时，她们已经激发出了一大堆令人兴奋的灵感，比如，用于藏匿秘密物品的鞋跟里的小抽屉，用来按摩脚底重要穴位的凸起图案。尽管这些想法都没有被采用，但它们所基于的领悟却激发我们去思考人们究竟对鞋有什么样的渴望。

1940 年秋的一天，工业设计师雷蒙德·洛威（Raymond Loewy）[1]在办公室里接待了来访的美国烟草公司（American Tobacco Company）总裁乔治·华盛顿·希尔（George Washington Hill）。希尔是美国商业史上极具个性的人物之一，他出价 5 万美元，要洛威对好彩香烟（Lucky Strike）的包装进行改进，洛威欣然接受了这一挑战。在离开时，希尔转身问洛威什么时候可以完成，洛威回答说："噢，我不知道，某个春光明媚的早上我可能有心情设计好彩的包装，用不了几个小时就可以完成。到时候我会跟你联系的。"

---

[1] 美国工业设计奠基人，20 世纪最著名的美国工业设计师之一。——译者注

今天，我们不再认为必须耐心坐等非凡的灵感找上门来。灵感总是包含机会的成分在内，但是，正如 1854 年路易·巴斯德（Louis Pasteur）[①] 在一次著名演讲中所提到的："机会总是眷顾那些有准备的头脑。"特定的主题和变动——观察技巧、换位思考原则和超越个体的努力，都可以看作为设计思考者发现灵感所做的准备。这些灵感来源极广，在从平常之处到怪诞之所、从每日的例行公事到打破常规的例外、从普通到极端的情况下都可能出现。灵感无法被编码，无法被量化，甚至无法被定义——至少目前还不能，这使得灵感成为设计过程中最困难但也最激动人心的部分。没有一种运算法则可以告诉我们灵感来自何处以及何时会找上门来。

让IDEO
告诉你
CHANGE
BY DESIGN

- 对设计思考者来说，行为从来没有对错之分，行为总是有意义的。

- 洞察力是设计思维的关键来源之一。

- 从设计到设计思维的演化，实际上是由创造产品演化到分析人与产品间的关系，进而再演化到人与人之间的关系。

- 设计思维的任务，是将观察结果转化成领悟，再将领悟转化成能改善人们生活的产品和服务。

- 换位思考是一种心理习惯，能促使我们不再将人看作实验用白鼠或标准偏差。

- 帮助人们明确表达那些甚至连他们自己都不知道的潜在需求，正是设计思考者面临的挑战。

---

① 路易·巴斯德，法国微生物学家、化学家，微生物学的奠基人之一。——译者注

CHANGE BY DESIGN

How design
thinking
transforms
organizations
and
inspires
innovation

第 3 章

思维矩阵，
让思维过程变得更明晰

一种有利于设计思维在组织中扩散的方法，就是让设计师把客户变成设计实践的一部分。我们这么做，并不是为了让客户走到巫师的帘子后面享受窥视的乐趣，而是因为当客户加入进来并积极参与时，常常会得到好得多的结果。但是我得预先警告一下：这一过程会很混乱。想象一位热衷于戏剧的戏迷受邀来到后台，目睹了一场完美表演的背后的混乱——最后一刻的服装修补，窄木条散落在各处，"哈姆雷特"在舞台门外抽烟，"奥菲莉娅"在用手机跟别人聊天……这就像曾经有位客户在她的办公室里抱怨"公司的人根本不按流程办事"一样。

　　然而几星期后，这位客户却转变观念，在她自己的公司里推行设计思维，而她的公司是一个受人尊重的古板组织，以架构、纪律和流程而闻名。但是如同所有突然的感悟一样，理解设计思维的意义与作用只是艰辛工作的开始。目睹设计的力量甚至亲自参与设计是一回事，将设计吸纳到自己的思维中，并耐心地将其构建到组织架构中则完全是另外一回事。那些在设计学校待了很多年的人发现，想要摆脱那些关于如何把事情做好的深植于心的假设仍然非常困难。那些更习惯于按既定规程与方法做事的人也许会害怕这样做的风险太大，几乎没有犯错的余地。

让首次接触设计思维的人适应这个不熟悉的新领域，最好的办法是什么呢？虽然不能真正替代实际的操作，但我可以分享我对设计思维的亲身体验——即使不能给出一张完整的地图，也可以提供一些导航标志。

在第 1 章中我介绍了一种观念，设计团队在项目进行过程中应当预期将经历 3 个相互重叠的空间：

1. 灵感空间，从每个可能的源头收集灵感；
2. 构思空间，把灵感转变成想法；
3. 实施空间，把最佳想法发展成考虑全面的具体实施计划。

我再次强调一下，这是 3 个相互重叠的空间，而不是在循序渐进的方法中顺序排列的各个阶段。灵感极少按预定时间出现，无论机会在多不方便的时候现身都要牢牢将其把握。

每个设计过程都会在看似毫无章法、模糊的实验阶段和突然变得极其清晰的阶段之间，在纠结于核心设想的阶段和长时间将注意力集中在细节上的阶段之间循环往复。其中的每个阶段都不相同，最重要的是，要认识到每个阶段给人的感觉不同，且每个阶段都需要采用不同的策略。

IDEO 公司一位设计师甚至发明了项目情绪图（见图 3-1），它可以相当准确地预测团队成员在项目不同阶段的感受：当新组建的团队外出到实地收集信息时，他们充满了乐观情绪；到了整合阶段，即整理数据和寻找规律的阶段，人们可能会有挫败感，因为重大决定似乎建立在最没有根据的预感上；但随后，情况开始好转，思维过程变得更明晰，新想法开始成形；当设计团队开始制作模型时，整个过程达到顶点，就算模型看起来不怎么好、运作得不怎么顺利，或是有太多或太少的特征，至少它们是看得见、摸得着的具体进展；最终，一旦在最适合的想法上达成共识，项目团队就会安下心来进入实质的乐观状态，而这种状态会时不时地被极度恐慌所打断，令人惊慌的小插曲不会彻底消失，但是经验丰富的设计思考者知道会遇到什么，而且不会被偶尔的情绪波动所干扰。设计思维极少会从一个高度优雅地跃向另一个高度；设计思维会测试我们的情绪敏感素质，会挑战我们的合作技能，但是它也会以显著的成果来回报我们坚持不懈的努力。

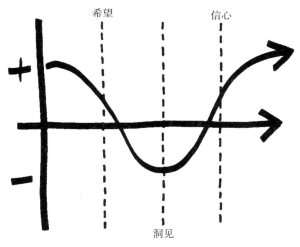

图 3-1　项目情绪图

汇聚式思维和发散式思维

体验设计思维，就是在 4 种心智状态之间舞动。每种状态都有其自身的情绪和方式，但是当音乐突然响起时，我们可能很难认清自己处在过程中的什么位置，以及应该迈出哪一步。在开始一项新的设计项目时，有时最好的指引就是选择合适的舞伴，清空舞池，然后相信自己的直觉。

在我们的文化中，有一种强调逻辑和推理的思维方式。心理学家理查德·尼斯波特（Richard Nisbett）研究了东西方文化中解决问题的不同方式，提出存在一种"思维地理学"。无论问题存在于物理学、经济学还是历史学领域，西方人解决问题的方式都是采集一组外界数据，对其进行分析，然后得出唯一答案。偶尔我们会发现，最好的答案其实并非最正确的答案，我们也许不得不在几个同样有效的方法中选择一个。上一次你跟5位朋友关于去哪里吃饭而达成一致的意见，就是一个很好的例子。集体思维倾向于汇聚，从而得到唯一的结果。

在现有方式中进行选择，汇聚式思维是最实用的方法。然而，汇聚式思维并不擅长探查未来或创造新的可能性。想象一个漏斗，开口较大的那端代表范围很广的初始可能性，而开口较小的那端则代表经仔细汇聚后的解决方案。很明显，这是盛满一支试管或者找出一系列精雕细琢式解决方案的最有效途径。

如果解决问题的汇聚阶段能够推动我们找到解决方案，那发散式思维的目的就是增大可能性以创造新选择（见图3-2）。这些也许是对消费者行为的不同见解，也许是对提供新产品的另类远见，或者是从创造互动体验的不同方式中所做的选择。通过测试相互矛盾的想法，人们更有可能得到更大胆、更具创造性、更具颠覆性、更引人注目的结果。两度获得诺贝尔奖的莱纳斯·鲍林（Linus Pauling）[①]说得最好："为了有个好主意，必须先有很多想法。"

但是我们的想法仍然要切合实际。更多选择意味着更复杂，这就使事情变得更困难，对于从事控制预算和监控进度的人来说尤其如此。多数

[①] 美国著名化学家，量子化学和结构生物学的先驱者之一。1954年获得诺贝尔化学奖，1962年获得诺贝尔和平奖。——译者注

企业的自然倾向是筛选过滤问题，并限制选项以支持显而易见的渐进式增长。虽然这种倾向在短期内也许有效，但是长远来看，这会让组织变得保守、僵化，经不起外在改变游戏规则的想法的冲击。发散式思维是创新的途径，而不是障碍。

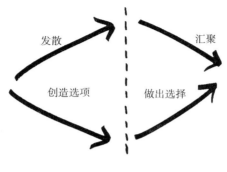

图 3-2　发散与汇聚

此处的要点并不是要我们都必须变成右脑艺术家，以实践发散式思维，并抱有一种结果终究会好的乐天态度。设计教育对艺术和工程同等重视是有充分理由的。更准确地说，设计思考者所采用的过程，看起来像是发散阶段和汇聚阶段的规律交替，每个重复的过程与前一次相比都会更聚焦，也更关注细节。在发散阶段，新选择会出现。在汇聚阶段则恰恰相反：现在该是淘汰选项、做出选择的时候了。放弃曾经很有希望的想法是一件痛苦的事，在这种情况下，项目负责人的协调与交际能力通常要经受考验。正如威廉·福克纳（William Faulkner）[1] 在回答"写作中最困难的部分是什么"时说道："剔除你的得意之笔。"

分析与整合

设计师喜欢抱怨"功能蔓延"，即那些不必要功能的增生，它们会增

---

① 美国著名小说家，20 世纪最有影响力的作家之一，1949 年诺贝尔文学奖获得者。——译者注

加费用，并把原本简单的产品变得很复杂。例如，1958 年最早的 RCA 电视遥控器只有一个按键，而现在的遥控器却有 44 个按键。对于设计思考者来说，必须小心那些所谓的"类别蔓延"。不过，我需要将另外两个术语引入讨论中：分析和整合，这是发散式思维和汇聚式思维的天然补充。

没有分析式的思维方式，我们就无法运转大型企业或管理好家庭预算。同样，不管是设计体育馆的标志，还是寻找致癌 PVC 塑料的替代物，设计师都会采用分析工具将复杂问题分解开来，以便对其有更全面的了解。然而，创造过程依赖于整合，即把各个部分整合在一起创造出完整想法的过程。一旦数据收集完成，就有必要将所有数据筛查一遍，并分辨出其中有意义的规律。分析与整合同等重要，而且在创造选项和做出抉择的过程中，二者都扮演着重要的角色。

设计师以多种方式进行研究：在实地用人种志方法收集数据；进行访谈；评估专利、制造过程、供应商和转包商。你会发现，他们在记笔记、拍照片、拍视频、记录谈话、乘飞机出行。他们也在考虑竞争对手的做法，至少我希望他们会想到这点。收集事实与数据会带来惊人的信息积累。但是，接下来做什么呢？在某个时刻，设计团队必须静下心来，在一段紧张的整合时期中——有时要几小时，有时要一周甚至更长的时间，设计团队开始组织、解释数据，并将许多条数据整合到前后一致的叙事中。

整合是从大量原始数据中总结出有意义模式的过程，从根本上来说是一项创造性活动。数据仅仅是数据，而且事实从来不会替自己说话。有时，收集到的数据是高度专业化的，例如设计医疗设备上一个精密部件；有时，数据也许是纯粹的行为问题，例如，要解决的问题是鼓励人们改用小型节能荧光灯泡。在任何情况下，我们都可以把设计师看成叙事大师，其技艺是以他是否有能力从数据中演绎出引人注目的、连贯的、可信的故事来衡量的。所以，目前在设计团队中作家和记者经常与机械工程师和文化人类学家协同工作，就不是偶然的事了。

一旦"原始资料"被整合到前后一致、令人鼓舞的叙事中，更高层次的整合就开始发挥作用了。项目概要中常常会有明显相互矛盾的目标描述，比如成本要低但品质要高，或是在限定的时间内完成某种新技术的测试，而这个技术是否有效在此前是未经验证的。在这种情况下，就存在将流程简化成技术规格或功能列表的倾向。这样做是为了便利，但不可避免地会牺牲产品的完整性。

这些是设计思维的种子——一方面在发散过程和汇聚过程之间变动，另一方面又在分析与整合之间不断变动。但这绝不是故事的结尾。正如任何园丁都会证实的，把最强韧的种子播撒到多岩石或贫瘠的土壤里，种子也会死去。我们需要对土地进行预处理。必须将注意力从团队和个体的层面转移到公司的层面——我们可以把这一点看作从设计的组织转向组织的设计。

用实验的态度从事设计

查尔斯·伊姆斯和蕾·伊姆斯夫妇是美国最具创造力的设计组合之一，他们擅长将发散式思维和汇聚式思维结合起来，进行细致的分析和综合判断。在位于加州威尼斯市华盛顿大街 901 号极具传奇色彩的办公室里，伊姆斯夫妇与同事进行了一系列设计实验，这些实验在时间上跨越了 40 个年头，几乎涵盖了人们能想象到的所有媒介：已成为美国现代主义代名词的压制成型胶合板椅、位于帕西菲克帕利塞兹的著名的 8 号案例研究屋、由他们创建的博物馆展览，以及由他们制作的教学影片。虽然在已完成的项目中并不总能看到有条不紊的实验痕迹，但项目背后却少不了它们。我们由此学到了什么？必须给创造性团队时间、空间和预算去犯错。

掌握了设计思维矩阵的个人、团队和组织，都具有基本的实验态度。他们对新的可能性持开放态度，留心新方向，总是愿意提出新方案。

惠普与第一台商用电脑图形显示器

20 世纪 60 年代，当硅谷还处在形成时期，惠普公司一位野心勃勃的年轻工程师查克·豪斯（Chuck House）险些丢了工作。凭着预感，他不顾一项明确的公司限令，在公司管理层的监控范围之外设立了一个秘密项目，用以开发一种大屏幕阴极射线管。这一"违规"项目持续进行，成功研制出了第一台商用电脑图形显示器，并被用于直播阿姆斯特朗登月的空间图像传输设备、迈克尔·德贝基（Michael DeBakey）医生的第一例人工心脏移植手术显示器和数不清的其他产品上。豪斯最终成了惠普公司的工程总监，他的办公室就在戴维·帕卡德办公室的隔壁，而当初正是帕卡德本人下达了终止该项目继续进行的命令。现在豪斯办公室的墙上挂着"蔑视权威奖牌"。情况已经发生了改变。豪斯目前在斯坦福大学主持"媒介 X"项目，这是一个工业界与学术界的合作项目，旨在将互动技术研究人员和致力于技术推进与创新的公司联结在一起。今天，谷歌和 3M 这样的公司都在鼓励科学家和工程师将高达 20% 的时间用于个人实验，并以此而闻名。

对冒险的宽容与一个组织的文化及商业策略都很有关系。在一个鼓励实验的组织中，总有一些项目会因毫无成果而告终，而另一些项目是公司的大人物们宁愿大家忘记的（还记得苹果公司的牛顿掌上电脑[①] 吗）。但是，将这样的创新项目看作"浪费的"、"低效率的"或"多余的"，或许

---

① 世界上第一款掌上电脑（PDA），由苹果电脑公司于 1993 年开始制造，但是因为在市场上找不到定位、需求量低而停止发展，并于 1997 年停产。——译者注

是注重效率但不注重创新文化的企业的通病，这些企业可能会陷入渐进式增长的陷阱。

近年来，设计师一直在关注新出现的仿生学，这并非偶然。仿生学带来了这样一种想法：自然界及其45亿年来的进程也许可以教给我们一些东西，例如无毒黏合剂、最简结构、高效绝热材料或空气动力流线型等。在健康的生态系统中，令人眼花缭乱的多样性只不过是因为不断进行实验，尝试新事物，然后看哪个管用。也许我们不仅需要在分子层面上，还要在企业与组织的系统层面上开始模拟自然。过度热衷于实验是有风险的，因为企业并不像生物系统那样拥有充裕的时间，企业领导者如果选择不执行所谓的"智能设计"① （在此向达尔文致歉），就会被认为失职。因此，这里需要做的，就是将自下而上的实验与来自上层的引导明智地结合起来。这种方法的规则说起来很简单，但应用起来却极具挑战性：

1. 当整个组织的生态系统有进行实验的空间，而不只是设计师、工程师或者管理层进行实验时，最好的想法才会出现。

2. 那些接触多变外界（新技术、变化的消费者群体、战略性挑战或机会）最多的人，是最适合应对并最有动力从事此类工作的人选。

3. 在考虑是否支持某种想法时，不应该考虑想法是由谁提出的（要不断重申这一点）。

4. 应该支持那些引发争论的想法。的确，任何想法，不论是多么小的想法，在没有被充分讨论之前，都不应当在组织的层面上给予支持。

5. 高层领导应该应用"园艺"技巧来"照料"、"修剪"和"收获"想法。工商管理硕士们将其称为"容忍风险"，而我称之为自上

---

① 持这种观点的人认为动植物如此复杂精妙的结构不可能是自然演进的结果，而应该是某种高智能设计师的杰作。——译者注

而下的设想修整。

6. 应该明确说明核心目标，这样整个组织就有方向感，创新者就不会觉得有必要接受经常性的监管。

这些规则几乎可以应用于任何一个创新领域。它们共同确保了个人创新的种子可以生根发芽，甚至在杂货店的通道内也能实现。

全食超市公司与自下而上的实验观念

全食超市（Whole Foods Market）自 1980 年成立以来，首席执行官约翰·麦基（John Mackey）就将自下而上的实验观念应用于商业运作中。作为全球最大的有机食品零售商之一，全食超市将各分店中的员工组织成小团队，并鼓励他们开展实验，采用更好的办法为顾客服务。这些办法包括不同的商品摆放方式，或出售能满足本地顾客需求的产品等。每个分店会有独特的地理特点，甚至是与当地社区有相关的特性。公司鼓励分店经理与其他店分享自己最好的想法，这样，好的想法就会在公司范围内传播，而不是局限在当地。这些想法没有一个听起来是革命性的，但是，麦基的公司成立之初只有一间杂货店和 19 名员工，一直在做的就是保证每位员工了解、认同公司的整体愿景，并有能力为这一愿景做贡献。这些想法成了航标，让局部的创新能够传遍整个组织。①

我讲述的每个故事都是有寓意的，这个也不例外。这个故事告诉我们不要让自下而上的实验结果变成结构不明的想法或没有明确指向的计划。有些企业会设置建议箱来收集自下而上的创造力，但它们多半会失败。毫

---

① 约翰·麦基在创办全食超市的过程中，对商业的意义进行了深刻的思考。他将自己的观点凝结成一本著作——《伟大企业的四个关键原则》，本书的中文简体字版已由湛庐文化策划、浙江人民出版社 2019 年出版。——编者注

不知情的管理层总是奇怪，为什么不领情的员工会往挂在墙上的建议箱里倒咖啡，或是毁了在线建议箱。设置建议箱这种做法能产生的最好结果，就是企业会得到一些不重要的渐增式想法，而在大多数情况下，企业得不到任何结果，这是因为缺乏将建议变成行动的明显机制。要想获得成果，需要来自企业高层的郑重承诺，而企业得到的回报，是来自基层的更好的想法。任何一个有前景的实验，都应该有机会得到来自企业的支持，即建立以适当资源来维持、由可详细说明目标所推动的项目。

关于项目的设想有一个简单的测试方法，不过我要指出，有些人很难接受或适应由我提出的这种测试方法：当我收到一份措辞谨慎的备忘录，要求获准尝试某个想法时，我自己也会变得同样谨慎；但当我在停车场内被一群活力四射的人截住，他们争先恐后地告诉我正在进行的这个好得不可思议的项目时，他们的能量会感染我，我会很容易接受他们的请求。其中某些项目会出问题，会浪费能量（不管这是什么意思），而且会损失金钱（我们知道它的确切含义）。然而，就是在这些失败的案例中，还有一句古谚语值得我们思考，用亚历山大·蒲柏（Alexander Pope）① 的话来说就是"犯错的是凡人，宽恕的是圣人"。

让组织乐观起来

与实验态度结伴而行的，是乐观的氛围。有时世界的状态让这种乐观氛围难以维持，但是存在这样的事实：在已经变得愤世嫉俗的组织里，好奇心很难得到充分的发展，想法在有机会存活下来之前就被扼杀了，愿意冒险的人会被排挤出去。那些野心勃勃想往上爬的领导者，会避开没有明确结果的项目，因为他们害怕参与这种不确定的项目会影响自己的升迁机会。这种机构中的项目团队会变得神经紧张、多疑，倾向于揣摩与猜测管

---

① 18 世纪英国最伟大的诗人之一。——译者注

理层"究竟"想要什么。当领导层想推动某种极突破性创新和开放性实验时，他们甚至会发现没人愿意在没有上层许可的情况下挺身而出——这通常意味着项目在开始前就已经失败。

没有乐观精神，即坚信情况会变得更好的精神，进行实验的意愿会不断下降直至消亡。进行正面鼓励，并不需要采用"所有想法生来平等"的托词。做出有辨识力的评判，仍然是领导层的职责，能令人们觉得自己的想法得到了公平的陈述机会和评判，才会增强人们的信心。

为了获得设计思维的力量，个人、团队和整个组织必须培育乐观精神。人们必须相信，创造新想法是在他们的能力范围之内的，或至少是在他们团队的能力范围内的，而这些新想法会满足那些未被满足的需求，带来正面影响。

> 当史蒂夫·乔布斯在被董事会罢免后又于1997年夏天回到苹果公司时，他看到的是一个士气消沉的公司。公司将自身资源分布到15个甚至更多的产品平台上。这些团队实际上在相互竞争以求生存。凭借人所共知的大胆作风，乔布斯将公司的产品从15个削减到了4个：针对专业人士的台式电脑和笔记本电脑，以及"针对普通人"的台式电脑和笔记本电脑。每个员工都明白，他所参与的项目代表苹果公司四分之一的业务，而且不可能被仔细研究收支差额表的"会计"彻底砍掉。团队成员情绪高涨，士气来了个180度大转弯，剩下的就不用多说了。

乐观精神需要信心，而信心则是建立在信任之上的。正如我们都知道的，信任是由双方共同建立的。

要确定某个企业是否是乐观和愿意冒险的实验型企业，人们只需要用感官来判断：寻找混乱无序的多彩风景，而不是如同郊区的房子一样整齐有序的网格式工作隔间；倾听人群中爆发出的沙哑笑声，而不是单调而压抑的持续交谈声。因为 IDEO 在食品和饮料行业做了很多工作，聘用了食品科学家，有一个工业厨房，所以我经常能够真切地闻到弥漫在空气中的兴奋。通常，要对所有部分汇聚的结点保持敏感，因为这是新想法的源头。我喜欢悄悄走下楼来，观察某个团队的成员用乐高积木搭建模型，或用即兴发挥的短剧方式探索某种新的服务互动。我还喜欢列席头脑风暴会议。

头脑风暴法

商学院的教授们喜欢撰写有关头脑风暴法价值的高深文章。我鼓励他们更进一步，实际去做（毕竟我有些好朋友就是商学院教授，这样他们就会忙于自己的事而不来"烦"我了）。有些调查声称，积极性高的个人如果独立工作，可以在同等时间内想出更多的主意。另外一些案例研究则显示，头脑风暴法之于创造力，就像体育锻炼之于保持心脏健康一样至关重要。这两种说法都有道理。

持怀疑态度的人当然有他的道理：一位善意的管理者召集来一群人，提出一个棘手问题让他们进行头脑风暴，而这些人互不相识，对彼此持怀疑态度，缺乏信心。那么与让这些人回去分头思考这个问题相比，头脑风暴法带来的可行想法很可能会更少。具有讽刺意味的是，头脑风暴法是一种突破框架但有条理的方法，需要练习。

就像板球、足球或美式橄榄球一样，头脑风暴法也有规则。这些规则组成场地，团队成员可以在其中高水平发挥。没有规则，也就没有供团队合作的框架结构，那么头脑风暴会议更可能退化为普通的有序会议，或是毫无成果、可自由参加、说的人多听的人少的混乱聚会。每个组织都有自己关于头脑风暴规则的不同规定，就像每个家庭似乎都有拼字游戏或大富翁游戏的特殊规则。在 IDEO，我们有头脑风暴会议专用房间，我们将规则清清楚楚地写在墙上：暂缓评论、异想天开、不要跑题。[①] 这些规则中最重要的是"借'题'发挥"。这与"不杀生"和"敬父母"同等重要，因为这一规则可以保证每个参与者都对先前提出的想法有所贡献，这样整个会议才有机会向前推进。

设计背后的故事 CHANGE BY DESIGN

耐克与男孩女孩的头脑风暴

IDEO 曾为耐克设计一款儿童产品。虽然我们的员工中有很多经验丰富的玩具设计师，但有时聘请专家来帮助我们也是很有必要的。于是，某个周六当早间卡通节目结束后，我们邀请了一群 8~10 岁的孩子来到 IDEO 位于帕洛阿尔托的工作室。在让这些孩子品尝过橙汁和法国吐司后，我们将男孩和女孩分开，把他们带到不同的房间，稍做说明后让他们进行了约一小时的头脑风暴会议。把结果收集起来后，我们发现两组的差异非常明显。女孩子们提出了 200 多个想法，而男孩子们仅仅想出了 50 个。这个年纪的男孩子很难集中精力听别人说话，而仔细听别人说话是对真诚合作来说至关重要的特质。女孩与男孩则恰好相反。

幸运的是，我的任务并不是去判断这种不一致是由基因遗传、文化规范，还是出生次序决定的，但是我可以说，我们在这两个并行的头脑风暴中发现的证据，显示了在他人想法基础上思考的力量。男孩子急于表达自己的想法，几乎注意不到其他参与头脑风暴会议的同伴的想法；而女孩子在未经暗示的情况下，进行着充满热情的连续交谈，每个想法都与前一个

---

① IDEO 的头脑风暴原则除了这三条，还包括"一次一人发言、图文并茂、多多益善"。
——译者注

刚提出的想法有关联，而且为下一个想法的出现提供了助力。她们一个接一个，如接力般地谈论着这些想法，结果产生了更好的主意。

头脑风暴法并不一定是产生想法的终极手段，而且也不能被纳入每一个组织的架构中。但是当组织的目标是找到各式各样的想法时，头脑风暴法就证明了自己的价值。其他的方法对于做决定很重要，但是在创造想法方面，没有比头脑风暴会议更好的了。

发挥视觉思维的作用

专业设计师会花很多年学习画图。画图练习并不是为了用图片演示想法，这点现在用便宜的电脑软件就可以做到。相反，设计师学习画图，是因为这样他们就能表达自己的想法。文字和数字可以表达想法，但是只有画图才能同时表达出想法的功能特征和情绪内涵。用画图的方式可以准确地表达一个想法。因为即便是最精准的语言也无法帮助我们做出决定，当最精美的数学计算都无法描述或解决问题时，我们就不得不从视觉与图形的视角来考虑问题。不管手中的任务是设计干发器，是去乡间度周末，还是做年报，画图的方法都会促使我们做出决定。

视觉思维可以有很多形式。我们不应该认为视觉思维只局限于客观展示。事实上，视觉思维并不需要人具备绘画技巧。

> 1972 年 11 月，一整天的会议结束后，在檀香山一家半夜还在营业的餐厅里放松的两位生物化学家，拿出鸡尾酒餐巾纸，一起画细菌交配的简图。几年后，这两位生物化学家中的斯坦利·科恩（Stanley Cohen）获得了诺贝尔生理学或医学奖，赫伯特·博耶（Herbert Boyer）创办了基因泰克公司（Genentech）。

所有的孩子都会画画。在变成讲究逻辑的、语言导向的成年人的过程中，我们忘记了这一基本技巧。斯坦福大学产品设计专业创办人鲍勃·麦基姆（Bob McKim），或英国的爱德华·德波诺（Edward de Bono）这样的创造型解决问题的专家，投入了大量的精力创造出思维导图、2×2矩阵和其他视觉架构工具，这些视觉架构工具在我们探索和描述各种想法时，有相当重要的作用与价值。

当我用画图的方式表述某个想法时，我能得到与用文字表述时不同的结果，而且通常我会更快地得到结果。无论什么时候与同事讨论问题，我都必须在手边准备一个白板或草稿簿。除非能用视觉方式解决问题，否则我就会陷入僵局。达·芬奇的素描簿与他的名画一样闻名（1994年，当"哈默手稿"被拍卖时，比尔·盖茨迅速将其买下），但他并不只是用素描簿来描绘自己的想法。达·芬奇经常会在街上停下脚步，记下自己觉得需要理解的事：野草纠结在一起，在阳光下睡觉的猫的蜷曲曲线，在排水沟里打转的水涡。此外，那些仔细研读达·芬奇机械绘图的学者，已经戳穿了"达·芬奇的每幅草图描绘的都是他自己的发明"这种神话般的说法。像任何有成就的设计思考者一样，达·芬奇利用自己的绘画技艺，在他人想法的基础上进行创新。

小便利贴中的大创新

到目前为止，多数人都知道了有关平凡便利贴的故事。

3M 公司与便利贴的故事

20世纪60年代，在3M公司工作的科学家斯宾塞·西尔弗（Spencer Silver）博士偶然发现了一种有不寻常特性的黏合剂。他的老板没有看到这种"固有黏性弹性共聚物微珠"，也就是不黏的胶水有什么特别的用处，于是并没有给他任何鼓励或支持。

直到西尔弗的一位同事阿特·弗赖伊（Art Fry）开始用这种黏合剂防止书签从赞美诗集中掉出来，这种小小的黄色便条纸的可能用途才被找到。现在便利贴已经成了价值 10 亿美元的产品，也是 3M 公司最有价值的资产。

到目前为止，便利贴的故事还是一个警示案例，它充分说明了一个组织机构的胆怯与迟疑可能会扼杀一个非常好的设想。那些无所不在的小贴纸，不只是创新的标志，其本身也变成了创新思维的重要工具。那些点缀着项目室墙壁的小贴纸，已经帮助数不清的设计思考者捕捉到范围极广的领悟，再将领悟以有意义的方式排列起来。带有各种轻淡柔和色彩的便利贴，具体表现了由发散阶段向汇聚阶段的转变，其中的发散阶段是我们的灵感之源，汇聚阶段则是指向解决方案的路线图。

我在前文中描述的被设计思考者所采用的技术——头脑风暴法和视觉思维法，为创造选项的发散过程做出了贡献。不过，如果不进入做出抉择的汇聚阶段，累积选项仅仅是一种练习。要使项目从产生创造性想法这种令人鼓舞的实践走向问题的解决方案，这样做就至关重要。然而，正是由于这个原因，这将是设计团队面临的最困难的任务之一。如果有机会，每个设计团队都会无休止地发散下去。转过街角，总会有一个更吸引人的想法，并且直到预算用完之前，他们都会兴高采烈地从一个街角转向另一个街角。而便利贴则是最简单的工具，让汇聚过程开始发挥作用。

一旦把所有人都聚集在一起进行项目回顾，就需要用程序与工具来选择最好、最有前景的想法。故事板对此有所帮助——像连环漫画一样的演示板，可以展示用户所经历的一系列事件，例如登记入住旅馆、在银行开户或使用新购买的电子产品。在某些时候，故事板有助于创造交替的场景。然而，任何项目迟早都需要达成某种程度的共识，而这种共识极少来自辩论或管理层下达的命令。我们需要的是能提取团体直觉的某种工具，而在此阶段，大量的便利贴是无可比拟且无可取代的最佳工具。在IDEO，我们用便利贴提交名为"蝴蝶测试"的想法。

蝴蝶测试由非凡的设计思考者、硅谷设计先锋之一比尔·莫格里奇（Bill Moggridge）发明。这是一个完全不科学却出奇有效的程序，该程序能从大量数据中提炼出几个重要的领悟。让我们想象一下，在深度研究阶段，很多头脑风暴会议和无数模型的搭建结束后，项目室的一整面墙都被有前景的想法所覆盖。把少量小便利贴"选票"发给每个参与者，让他们将选票贴在他们认为应当继续推进的想法上。团队成员在房间里走来走去，检视各个想法，过不了多久就很清楚哪些想法吸引了最多的"蝴蝶"。当然，包括办公室政治和个性在内的各种因素都在起作用，但这就是达成共识所要正视的。给予与索取、妥协与创造性组合，所有这些和其他因素在达成最后结果中发挥了作用。这一过程无关民主，而是使团队能力最大化，并汇聚到最佳解决方案上。这一过程是混乱的，但令人惊奇的是，它很管用，并能够适应许多组织的特点。

我并不是想给 3M 公司做广告。用以鼓励人们抓住一闪即逝的想法、调整或放弃想法的便利贴，只是很多可用工具中的一个，以应对每个设计项目都要面对的现实问题：截止日期。尽管在所有时间段内我们都有截止日期，但是在设计思维的发散和探索阶段，截止日期却显得格外重要。截止日期指的是过程，而不是人。截止日期是水平线上的一个固定点，到了这个日子一切都得停下来，最终的评估就开始了。也许这些截止点看起来是随意的和不受欢迎的，但是有经验的项目负责人知道如何利用它们将选项变为决定。每天都有一个截止日期是不明智的，至少在项目开始阶段是如此，但把截止日期延迟到 6 个月后也是行不通的。这就需要运用判断力来决定，团队何时会达到那个时间点，此时管理投入、反思、重新定向和选择可能最有价值。

我还没遇到过一个客户会跟我说："你需要多少时间都行。"所有项目工作都有各种限制：技术的限制、技艺的限制、知识的限制。但是，时间可能是其中最迫切的限制，因为它把我们带回了底线。正如富兰克林——美国首位最具冒险精神的真正设计思考者，在给一位年轻商人的信中指出的："时间就是金钱。"

我把一个最强有力的设计思维工具留到最后介绍。这不是 CAD 软件、快速原型设计或国外制造能力，而是能够进行换位思考、凭直觉获取的、能识别模式、能进行平行处理的神经互联网，而它就在我们每个人的两耳之间。总而言之，目前我们有能力构建复杂概念，这些概念既在功能上相关，又能在情绪上引起共鸣，而这将我们与用来协助我们的复杂机器区分开来。只要还没有一种算法可以告诉我们如何将发散的可能性变成汇聚的现实，或将分析细节转化为整合的整体，这一才能就会确保有经验的设计思考者在世界上占有一席之地。

人们可能会因各种各样的原因不敢冒险进入设计思维这个混乱的世界。人们也许认为，创造力是明星设计师才拥有的内在天赋，普通人只能在现代艺术博物馆里充满敬意地打量设计师设计的椅子和灯。或许人们会假定，设计思维是受过专业训练的专业人士的专有技艺，毕竟我们会雇用"设计师"做从理发到装饰房子的许多事。另外一些人对设计师没那么敬畏，也许会将掌握工具（包括头脑风暴的定性工具、视觉思维和故事讲述）与设计出解决方案的能力混为一谈。还有些人或许会觉得，没有精确的架构或方法，就无法彻底了解到底发生了什么。他们很可能会是那些在团队士气低落时率先退出的人，而这种情况会存在于项目的整个过程之中。他们不了解的是，设计思维不是艺术，不是科学，也不是宗教。设计思维最终是整合思维能力。

多伦多大学罗特曼管理学院前院长罗杰·马丁（Roger Martin）观察

了世界上一些伟大的领导者，发现他们都具有一种能力：能同时持有多种不同想法，并从中得到新的解决方案。罗杰·马丁在《整合思维》(*The Opposable Mind*) [①] 一书中提出：

> 利用对立想法构建新的解决方案的思考者，与那些每次只考虑一个模式的人相比，具有更大的内在优势。

整合思维者知道如何扩大对要解决的问题来说至关重要的主题的范围。他们反对"不是／就是"，赞同"不但／而且"，他们将非线性和多方向的关系看作灵感的来源，而非矛盾。马丁发现，最成功的领导者"欢迎混乱"。他们允许复杂性的存在，至少在寻找解决方案时如此，因为复杂性是创造性机会最可靠的来源。换句话说，管理领导者的特点，与我描述的设计思考者的特点是一致的。这绝非偶然，而且这并不意味着"整合思维"是给那些具备整合天分的人的"奖励"。杰出的设计思考者所具备的技艺——在各种混乱复杂的线索中找出某种模式与规律的能力，将零碎的部分整合成新想法的能力，以及从与自己不同的人的角度出发考虑问题的能力，都是可以学来的。

有一天，神经生物学家也许可以把我们放进核磁共振扫描仪中，测出当运用整合式思维时我们大脑的哪个部分会活跃起来。这样，设计用来教授人们如何做得更好的策略就会变得更容易。然而，至少在目前，我们的任务不是了解我们的大脑中到底发生了什么，而是找到将这种思维方式运用到真实世界中的方法，从而将这种思维方式与他人共享，并将它转化为具体的策略。

[①]《整合思维》中文简体字版已由湛庐文化策划、浙江人民出版社 2019 年出版。——编者注

- 一种有利于设计思维在组织中扩散的方法，就是让设计师把客户变成设计实践的一部分。

- 在现有方式中进行选择，汇聚式思维是最实用的方法。

- 在考虑是否支持某种想法时，不应该考虑想法是由谁提出的。

- 任何一个有前景的实验，都应该有机会得到来自企业的支持。

- 必须给创造性团队时间、空间和预算去犯错。

- 为了获得设计思维的力量，个人、团队和整个组织必须培育乐观精神。

CHANGE BY DESIGN

How design
thinking
transforms
organizations
and
inspires
innovation

第 4 章

用手来思考，模型的力量

我的设计思考者职业生涯始于乐高积木。20世纪70年代初期，那时我也就9岁左右，英国正经历又一次的周期性衰退，而煤矿矿工到冬天就开始罢工了。这意味着发电站没有煤，意味着没有足够的电力以满足需要，也意味着经常会停电。我决心为家庭尽自己的一份力量，于是就搜罗了我所有的乐高积木，用能在暗处发光的、颜色鲜艳的发光积木做了一只大大的手电筒。我得意地把这只手电筒递给妈妈，这样她就有足够的亮光给我做饭了。就这样，我搭建了我的第一个模型。

到10岁时，通过多年的学习，我已经掌握了模型制作能力。小时候的我会花很多时间用乐高积木和麦卡诺（Meccano）积木创造一个充满了宇宙飞船、恐龙和各种形状的机器人的世界。像其他孩子一样，我通过动手来思考，用实物激发自己的想象力。这种从具体到抽象再回到具体的历程，是我们用来探索宇宙、释放想象力并向新的可能性敞开心扉的一个最根本的过程。

多数企业有很多这样的人，他们将孩子式的追求搁在一边，转而去做写报告、填表格这类看似更重要的事，而在运用设计思维的组织里，有件事总会触动来访者：就像许多孩子的卧室一样，这里到处都是模型。探头看看项目室，你会看到墙上和地上都是模型。走在走廊里，你会看到模型被用来讲述过去的项目的故事。你会看到一系列模型制作工具，包括手工刀、遮护胶带，甚至是价值 5 万美元的激光切割机。无论预算有多少，无论设施如何，模型制作都是这里的精髓。

　　弗兰克·劳埃德·赖特（Frank Lloyd Wright）[①] 称，他幼儿时期玩福禄贝尔幼儿园积木的经历，点燃了他的创造激情。19 世纪 30 年代，弗里德里希·福禄贝尔（Friedrich Froebel）[②] 开发了福禄贝尔幼儿园积木，旨在帮助孩子们学习几何原理。赖特在自传中写道："这些枫木积木……直到今天我仍在把玩。"

　　查尔斯·伊姆斯和蕾·伊姆斯夫妇是有史以来最伟大的模型制作团队之一，他们运用模型制作来开发和提炼想法，这一过程有时要经历好多年。可以说，他们的设计重新创造了 20 世纪的家具。当一位仰慕者问查尔斯，标志性的伊姆斯客厅椅是否刹那间就出现在他脑海里时，查尔斯回答说："对，这一刹那大概有 30 年那么长。"

　　因为对实验的开放态度是任何创造性组织的生命力源泉之一，所以模型制作——通过动手搭建来尝试某事的意愿，是实验性活动的最好证据。我们也许会认为，模型是已完成的即将投产产品的模型，可是这一定义得回溯到整个过程中更早的阶段。模型制作应当包括那些看来粗糙且简单的研究，而且不仅仅包括实物。另外，正如我们将在后文中看到的，并不只有工业设计师才能培养起模型制作的习惯。金融服务业高管、零售商、医院管理人员、城市规划人员和运输工程师，都可以而且应该参与设计思维

[①] 美国一位重要的建筑师，对现代建筑有很大的影响，在世界上享有盛誉。——译者注
[②] 德国教育家，被公认为 19 世纪欧洲最重要的几位教育家之一，现代学前教育的鼻祖。——译者注

中这个至关重要的部分。戴维·凯利把模型制作称为"用手来思考"，并将它与由规范引领、由计划推动的抽象思考进行对比。二者都有价值，都有各自的位置，但是在创造新想法并推动其前进的过程中，模型制造要有效得多。

模型，不求精细，胜在快速

虽然看起来好像把时间消磨在简图、模型和模拟上会减慢工作进度，但是通过模型制作能更快地得到结果。这点似乎与直觉是相悖的：做出一个想法，不是比想出一个想法要花更多的时间吗？也许是这样，但这个说法只适用于那些为数不多、第一次就能想出正确想法的天才。多数值得考虑的问题都很复杂，而且进行一系列早期实验经常是在面对不同选择时做出决定的最好办法。越快明确想法，就能越早评估和改进这些想法，并把注意力集中到最佳方案上去。

设计背后的故事 CHANGE BY DESIGN

佳乐公司与花费为零的模型制作

佳乐公司（Gyrus ACMI）在手术器械方面处于世界前沿地位，也是开发微创手术技术的领头羊。2001 年，IDEO 与佳乐合作开发一种用来对娇嫩鼻腔组织进行手术的新器械。项目刚开始时，设计团队拜访 6 位耳鼻喉科医生，了解他们如何施行这一手术、现有器械有哪些问题，以及他们希望新器械具有哪些特性。其中一位外科医生用不太准确的语言和笨拙的手势描述他希望新器械上有一个手枪柄似的东西。这些医生离开后，IDEO 的一位设计师抓过一支白板笔和一个 35 毫米规格的胶卷盒，用胶带把它们粘到一个塑料衣夹上，然后像扣扳机一样捏紧这个衣夹。这个简陋的模型让讨论得以继续深入，让每个人都同时了解了目前的进展，并省掉了数不清的现场会议、视频会议、制作时间和机票费用。而这个模型在人力和物力上的花费为零。

除了能够加快项目的进度，模型制作还允许同步探索多个想法。早期的模型应该是快速、粗糙且便宜的。对一个想法投入得越多，人们就越难放弃这个想法。在一个经过改进的模型上过分投入会有两个坏处：

1. 一个平庸的想法也许会因此而取得太多进展，甚至更糟，团队成员会将平庸的想法坚持到最后；
2. 模型制作过程本身会创造以最低成本发现更好创意的机会。

产品设计师可以用便宜和容易操作的材料，比如硬纸板、冲浪板泡沫、木头，甚至是随处可见的物品和材料，任何可以粘、贴或钉在一起的东西，来制作与想法相近的实体物品。IDEO 的第一个模型，也是最棒的模型，是由公司 8 位不修边幅的设计师挤在帕洛阿尔托市大学街洛克西服装店楼上的工作室里创造的。道格拉斯·戴顿（Douglas Dayton）和吉姆·叶尔琴科（Jim Yurchenco）把从盼牌（Ban）走珠香体液瓶上拆下来的滚珠粘在了一个塑料黄油盘底上。不久后，苹果公司就开始出售其首款鼠标了。

适可而止

在模型上投入的时间、精力和投资，只要足以获得有用的反馈并推动想法前进就足够了。复杂度和花费越高，模型看起来就越像"已经完成"了的产品，那它的制作者就不太可能从建设性反馈中获益，甚至会连这些反馈意见都不愿意听。制作模型的目的，不是制造一个能工作的模型，而是赋予想法具体的外形，这样就可以了解这个想法的优势和劣势，并找到新方向来搭建更详细、更精密的下一代模型。我们应当限定模型的设计与制作范围。制作早期模型的目的，也许是为了了解某个想法是否有功能上的价值。最终，设计师需要把模型拿到现实世界中，从最终产品的目标客户那里得到反馈。在这个阶段，才需要关注模型的表面质量，这样，潜在的消费者就不会因为粗糙的边角或没处理好的细节而忽视模型的功能。例如，多数人都很难借助硬纸板制作的模型来想象洗衣机如何工作。

现在，设计师已经可以利用一些相当先进的技术，以极高的仿真度快速制作模型，这些技术包括高精度激光切割机和电脑辅助设计工具。有时这些模型制作得实在太逼真了。有一次，世楷公司的一位高管把一个制作精巧、细节完备的威克达椅（Vecta）的泡沫塑料模型当作实物，坐了上去，最后毁掉了一个价值 4 万美元的模型。如果世上的技术都过早地被用来制造过于精密和过于详细的模型，那它们就白费了。"恰到好处的模型"意味着选取我们需要了解的东西，做出恰到好处的模型，并将其作为关注的焦点。经验丰富的模型制作者知道什么时候该说"可以了，这样就够好了"。

把抽象的东西用模型具象化

到目前为止，多数想象得到的模型都是实实在在的物品，是被绊一下或砸在脚上会让你感到疼的东西。在设计一项服务、一种虚拟体验，甚至是一种组织架构时，同样的规则一样适用。

可以让我们探索、评估某个想法，并将想法向前推动的实实在在的东西，就是模型。我见过精密的胰岛素注射器，其前身就是乐高积木；我见过第一行代码还未写出时，用便利贴做出的模拟界面；我见过社区银行以短剧的形式把新观念展示给客户，所用的"柜台"是用胶带把薄泡沫板（一种结实、轻便、便宜的纸板似的材料）粘在一起做成的。在每一个案例中，想法都是通过适当的媒介表达出来，并展示给别人以获得反馈。

电影业长期以来就在使用这种方法。从前，当电影不过是拍摄下来的舞台剧时，直接根据剧本进行拍摄是可行的。然而，当导演变得更加雄心勃勃、观众要求也更高时，多台摄像机和特效开始被运用在拍摄中。故事板这种在电影开拍前用来设计情节的方式出现了，以确保所有场景都经过深思熟虑，且不会发生某个重要的角度或镜头有缺陷或被漏掉的情形。随着电影制作变得更加复杂，尤其是在迪士尼出品的动画片中，故事板扮演了一个更加重要的角色。它成了一种模型制作工具，使动画制作者能够确保在开始绘制细节前，故事是前后一致的。今天，复杂而昂贵的数字特效在好莱坞占据着主导地位，电影制作人已经改用电脑故事板和"动态脚本"，在真正实拍前测试某个镜头中的动作。

从电影和其他创意产业借用来的技术手段，展示了如何制造非实际体验的模型。场景说明就是一种讲故事的方式，用文字和图片描绘未来可能出现的情况或状态。我们还可以虚构一个人物，这个人物具备一系列我们感兴趣的人口统计学要素，比如一位离了婚、有两个小孩子的职业妇女，然后围绕她的日常生活设置可信的场景，从而可以"观察"她如何使用某种电动车充电器，或者如何在某个网上药店买药。

当无线宽带通信技术还处在起始阶段时，沃赛拉公司（Vocera）制作了一个视频场景说明，展示员工如何使用佩戴在身上的声控"联络徽章"，与身处公司内的同事保持联系。这个视频追踪了一个虚构的 IT 支持团队的工作，与技术概要或幻灯片相比，这种方式更有效地向潜在投资者解释了这一观念。

20 世纪 90 年代初，在开发早期在线概念时，索尼公司就采用了同样的技术。索尼的设计团队围绕东京青少年的生活制作了一组场景说明，以此来展示这些青少年将如何使用新型在线游戏室玩互动视频游戏或唱卡拉 OK。在互联网发展的早期，这些仿真的虚构故事有助于管理层形象地看到互联网将如何成为新型服务和商业模式的基础。

场景说明的另一个不可忽视的价值在于，促使我们将人放在想法的中心，从而防止我们迷失在机械的或美学的细节中。场景说明每时每刻都在提醒我们，我们所应对的不是物，而是心理学家米哈里·希斯赞特米哈伊（Mihaly Csikszentmihalyi）[1]所说的"人与物的相互影响"。实际工作中的模型制作将某个想法具象化，让我们了解这个想法，将它与其他想法进行比较，并对它进行改进。

在开发新服务中，一种有用而且简单的场景说明方式就是"顾客体验历程图"，用图表画出一个虚拟顾客从服务开始到结束所经历的各个阶段。这一历程的起点也许是虚构的，或直接来自对人们买机票或决定是否安装屋顶太阳能板等过程的观察。在每种情况下，描述顾客体验历程的价值在于，它阐明了顾客与服务或品牌在什么情况下会发生互动。每个这样的"接触点"都指向一个可能为公司目标顾客提供价值的机会——或者永远失去这些顾客的原因。

美铁公司与阿西乐特快列车

多年前，美铁公司（Amtrak）开始研究是否有可能通过提供波士顿、纽约和华盛顿间的高速铁路服务，来改进美国东海岸的交通状况。当美铁公司邀请 IDEO 参与阿西乐特快（Acela）列车项目时，其关注焦点已经缩小到了火车本身，精确地说就是列车上座椅的设计。当设计团队花了很多天与乘客一起搭乘火车之后，他们制作了一幅可以描述整个旅程的乘客体验历程图。对多数乘客来说，这一历程有 10 个步骤，其中包括到达火车站、找到停车位、买票、找到月台等等。最引人注目的发现是，乘客直到第 8 个步骤才坐到火车座位上，换言之，乘火车旅行的大部分经历

---

① 米哈里·希斯赞特米哈伊是"心流"理论的提出者，他在《创造力》一书中介绍了心流与创造力及设计的关系。本书中文简体字版已由湛庐文化策划、浙江人民出版社 2015 年出版。——编者注

根本与火车无关。设计团队由此得出推论：乘客坐上火车前的每个步骤都是一次创造正向互动的机会，如果只关注座椅的设计，这些机会就会被忽视。不得不承认，这种方式会使项目变得复杂得多，但是在从设计转向设计思维的过程中，这却是一个典型特征。从华盛顿到纽约的旅程中，协调所涉及的多方利益不是件容易的事，但是美铁公司却想办法做到了，并为顾客创造了一个更完整、更满意的体验。虽然在轨道、刹车系统和车轮方面，阿西乐特快列车还有许多众所周知的问题，但是它已被证实是一项受欢迎的服务。乘客体验历程图是项目进行过程中的首个模型。

角色扮演

如果玩乐高积木是孩子"通过动手来思考"的方式，而泡沫板和数控铣床是成年产品设计师的"乐高积木"，那么对服务进行创新——比如某人在银行、诊所或机动车管理所的经历会是什么样子呢？像许多其他产品的开发一样，在服务创新中最可靠的顾问就是孩子。一旦两三个孩子聚在一起，他们就开始扮演不同的角色，变成了医护人员、海盗、外星人或迪士尼卡通人物。无须任何启发或诱导，他们就会开始上演充满了复杂的主要情节和次要情节的演出。研究表明，这类角色扮演不仅有趣，还有助于了解与发现我们的内在生活脚本，而作为成年人，我们就是凭借这种内在脚本在这个世界上生活的。

唐普雷斯酒店与"空间设计师"的杰作

万豪旗下的长期住宿酒店品牌唐普雷斯（TownePlace Suites）的服务对象是商务旅客，例如与客户签订了长期合同的咨询顾问，他们也许需要离开家不止几个晚上，但却想有在家的感觉，而一般的酒店是无法满足这一需求的。这些人很可能更经常地在房间里工作，周末会待在酒店里，而且可能会独自一人花时间探索酒店周边的环境。万豪想重新思考这些旅客极其特殊的体验。

传统上，建筑设计的问题之一，就是现实中不可能按照原物尺寸来制造模型，因为造价实在太高了。于是，设计师们会用其他方法解决这一问题。一个由"空间设计师"组成的富于想象力的团队，在旧金山湾区租下了一间旧仓库，他们在那里搭建起了与原物尺寸相同的大堂模型和一个用泡沫板搭成的标准客房。他们的模型并不是要展示这个空间的外观特征。相反，这个模型充当了一个舞台。在这个舞台上，设计师、客户团队、酒店管理层，甚至"顾客"都可以演绎不同的服务体验，并实时实地探查那些符合人们感观需求的东西。设计团队鼓励所有来访者提出改进意见，写在便利贴上，再贴到模型上。这一过程带来了一大堆创新想法，包括个性化旅行指南，其中包含针对常客及其特殊需求的地方信息和挂在大厅里的一张巨大地图，旅客可以在上面用磁力牌标出特色餐馆或其他地标，这实际上就是一个"开源留言簿"。这个与原物同样尺寸的空间，可以对任何想到的情形进行角色扮演，这为设计团队的进一步测试提供了许多想法。此外，设计团队还对这些想法到底有多好有了更准确的理解。很少有调研工作或模拟可以获得同样的效果。

显然，对任何一个考虑用体验方式进行模型制作的人来说，学会自如地演示潜在想法是非常重要的，美泰公司的艾薇·罗斯甚至在"鸭嘴兽"项目开始的前两个星期就教新成员如何使用即兴演出的技巧。了解一些基本技巧，例如，如何在同台演出演员想法的基础上继续下去，并愿意搁置对这些想法的评判，会使合作性的实时模型制作更有可能成功。某个体验模型的业余表演可能看起来很"傻"，这就需要表演者有一定程度的自信，"解开领带""甩掉高跟鞋"，通过即兴表演来探索某个想法。

现场制作模型

由于显而易见的原因，多数模型制作都是关起门来进行的。通常，有必要保护想法的绝密性，并只让有限范围内的人知道这一想法，这样一来，竞争对手（而且有时管理层）就不知道发生了什么。传统企业也许会组织焦点小组来测试产品，而像美国艺电公司（Electronic Arts）这样的前卫企业，经常会找来游戏玩家，在游戏开发阶段对游戏进行测试。这样的可控环境在评估产品的功能特性方面非常有效。这些功能特性包括：

- 是否可用？
- 掉到地上会不会打碎？
- 各部件连接得好不好？
- 普通人能否找到开关？

实际上，项目团队成员通常自己就能对这些产品性能进行测试。然而，对服务来说，情况就变得更复杂了，尤其是那些依赖于复杂社交的服务。例如，移动电话技术公司需要凭借用户之间以及用户与电信系统间无形的互动方式来做出决定。当今的创意很复杂，所以需要将模型投放到现场，从而观察它们如何存活下来并适应不同的环境。

T-Mobile 与现场测试用户喜好

当德国移动运营商 T-Mobile 开始探索通过手机创建社交网络的方法时，该公司认为，志趣相投的人不仅可以通过电话保持联络，还能以一种比个人电脑更迅速的方式共享图片和信息、制订计划、同步时间表，以及辅助其他上百种互动行为。当然，可以用创造场景说明和故事板的方式来描述 T-Mobile 的想法，甚至可以创建一种在手机上运行的模拟。但是，如果这样，问题的社会化角度就被忽视了。那么唯一的可行之道，就是推出一项模型服务。设计团队把两种模型安装到诺基亚手机上，然后把手机交给斯洛伐克和捷克的一小群用户。不到两个星期，他们就搞清楚了两种模型中哪个更受欢迎及其受欢迎的原因。顾客们更喜欢的想法，是通过用户日历中的事件帮助他们建立社交网络。用户的选择让团队很吃惊，因为团队更喜欢另一个想法——帮助人们创建共享电话簿。通过推出模型服务，设计团队不仅收集到了如何使用新服务的真凭实据，还避免了继续推进自己原来设想的、不那么可行的想法。这种创新方法只有一个缺憾：在测试结束时，有几个用户拒绝交回手机。

另一种新兴的"现场模型制作"形式会涉及虚拟的网络世界和社交网络。企业在实际投资前，可以从消费者那里了解到有关准备推出的品牌或服务的情况。一个成功案例就是喜达屋酒店集团（Starwood hotel chain）。

喜达屋酒店集团与虚拟世界中的模型制作

喜达屋酒店集团于 2006 年 10 月在虚拟世界《第二人生》（Second Life）中，推出了用电脑生成的雅乐轩（Aloft）品牌三维模型。在接下来的 9 个月中，虚拟顾客给喜达屋提出了铺天盖地的建议，这些建议包括从整体布局，到在淋浴间里安装收音机，再到将大厅粉刷成大地色调等各个方面。当收集到足够多的反馈后，喜达屋关闭了虚拟酒店，进行"重新装修"。当虚拟酒店重新开张时，一个网络虚拟派对开始了，在派对上，时尚的虚拟角色在大厅里跳舞，在酒吧里交谈，在游泳池周围逗留。一旦开始修建实体酒店，该怎么处理这个昂贵的虚拟模型就成了问题，喜达屋把已经废弃了的"模拟物"捐给了在线青年权益活动团体 TIG（Taking IT Global）。

喜达屋旗下的雅乐轩品牌旨在赢得年轻、时尚且懂技术的城市客户群——这类人恰恰可能是在"第二人生"社区中出现的人。虚拟模型的优势使其他更保守的企业开始尝试这一方式。虚拟模型制作使企业能够更快地接触到潜在客户，并从身处不同地方的人们那里得到反馈。重复是很容易的，而且当越来越多的企业与机构开始探索将在线社交网络作为模型制作的潜力时，我们就会更有条件对这种做法进行评估。然而，就像任何模型制作介质一样，这种方式也有其局限性。"第二人生"这样的虚拟网络世界用虚拟角色代表用户，可我们不知道他们到底是谁。这可能会有风险，因为事情并不总像表面看上去的那样。

管好你自己的事

讨论将实体物品，甚至触摸不到的服务制作成模型是一回事，但是在解决更抽象的难题，例如更抽象的新商务战略、新促销方式甚至新商务组织结构的设计时，模型制作也依然有其用武之地。模型可以将抽象概念变得鲜活，这样整个组织就可以了解并理解这个抽象概念。

设计背后的故事
CHANGE BY DESIGN

HBO 与以模型展现未来

因制作与播放《黑道家族》和《欲望都市》等热播剧集而闻名的 HBO，在 2004 年就开始意识到电视领域正在发生变化。HBO 通过制作与播出精彩的内容，确立了在有线电视界的领导者地位。但是 HBO 看到，像互联网视频、手机、视频点播这样的播放平台注定会变得很重要。HBO 想了解这些变化可能带来什么影响。

经过长时间的研究和对顾客的观察，HBO 制定了一个新战略。此战略以制作可在各类新兴技术平台上播放的内容为基础，这些平台包括台式电脑、笔记本电脑、手机和网络电视。我们的结论是，HBO 应当抛开自己作为有线电视内容提供者的身份，变成"技术不可知论者"，无论用户在何时何地有需求，都把内容带给他们。制作此类节目并不是先拍摄一档电视节目，然后考虑怎么用 DVD 或移动方式来播放，而应当在制作节目时，就将其他播放平台的因素考虑进去。我们清楚，这一雄心勃勃的设想挑战了某些基本前提。它要求 HBO 不仅要对观众与媒体联结的方式有更深刻的了解，还要打破公司内部某些牢固壁垒。

为了给顾客体验创造出引人注目的视觉效果，项目团队制作了模型，并把它安置在 HBO 纽约总部的第 15 层楼上，走过这些模型就能体验到其效果。这就使得公司高管可以直观地看到，用户将如何与从不同设备上获得的电视节目进行互动。从技术和分析的角度出发，他们绘制了一张长达一整面墙的未来路线图，并展示了当此项目继续推进时所要面对的技术、商务和文化因素。在参观我们创造的第 15 层楼的模型时，HBO 营销副总裁埃里克·凯斯勒（Eric Kessler）说："这不是 HBO 点播节目的未来，这是 HBO 的未来。"

这个模型用引人注目、栩栩如生的方式将 HBO 管理层带到了未来，帮助他们直观地看到了即将到来的机遇与挑战。当 HBO 与辛格勒（Cingular，现在是 AT&T 无线）开始讨论将深受欢迎的电视节目上传到移动平台上时，第 15 层楼的模型帮助他们达成了共识。[①]

把组织制成模型

HBO 的案例展示出，在解决公司战略层面的问题时，有必要通过动手来思考，而这对于设计组织本身也是成立的。机构必须随环境变化而

---

① 在内容付费几乎闻所未闻的时代，HBO 就开辟出了自己的道路。如果对 HBO 的发展感兴趣，可阅读由湛庐文化策划、浙江人民出版社 2018 年出版的《HBO 的内容战略》中文简体字版。——编者注

发展。虽然"重组"已经成为商业中的陈词滥调，但它仍然是许多企业面临的最重大、最复杂的设计问题之一，而公司重组极少带有出色设计思维的基本特征，这就好像：召开了会议，但并没有进行头脑风暴；画出了组织架构图，但其中几乎没有任何通过动手来思考的印记；制订了计划，发布了命令，却没有从模型制作中获益。我不知道 IDEO 能否拯救美国汽车业，但至少我们可以从泡沫板和热胶枪入手。

当然，将新的组织架构制作成模型是很困难的。组织架构本来就悬浮在相互联系的网络之中。没有一个部门可以被任意改动，而不影响组织里的其他部门。借助人们的生活进行原型设计也是件微妙的工作，因为它容不得半点闪失。但不管这有多复杂，一些组织已经采用设计思维的方式来改变组织架构了。

2000 年年底，互联网这颗闪耀的"超新星"爆裂后形成了一个"黑洞"，其"中心"就在旧金山湾区。曾经遍布整个旧金山"多媒体峡谷"的设计师工作室人去楼空，只剩下艾伦椅（Aeron chair）[①] 和各种颜色的 iMac 计算机。在硅谷主要通道——101 高速公路的两侧，月租 10 万美元的公路广告牌显得空空荡荡。创业中的未来企业家们也回到大学去继续自己的学业。当时，IDEO 已经与初创企业建立合作，同时还在帮助传统企业探索进入互联网时代的途径，因而也因互联网泡沫的破裂而遭受了沉重打击。自公司成立以来，我们第一次不得不勒紧裤腰带以节约成本。我原本在英国主管 IDEO 的欧洲运营业务，这时被召回总部，接替戴维·凯利的领导职务，而凯利在网络泡沫破裂"前几分钟"（差不多是这样）决定辞去公司的领导职位，去全力从事他在斯坦福大学的学术事业。这样，就轮到我来负责公司向 IDEO 2.0 过渡了。

[①] 一款符合人体工程学的办公座椅，于 1994 年正式上市，当年便获得美国纽约现代艺术博物馆永久典藏。——译者注

IDEO 是一个曾宣称发展规模不会超过 40 名员工的公司（这样我们就可以锁上大门，跳上汽车，一路开到海边去），而现在我们已经扩展了该数字的近 10 倍。尽管我们努力保持一种平面化的组织架构，这一发展却带来了 350 个岗位、350 个人的公司福利成本，还有 350 个待实现的梦想。我们面临很大的风险，而且没有任何安全保障，所以我决定采用设计师的方式：组织一个团队，然后开始一个项目。项目概要是什么呢？公司内部重组。

在过去的 20 年时间里，我们为客户创造了以人为本的设计进程，所以如果我们不把它应用到自身的重组中就会非常奇怪，而它恰好是我们所做的。

在"阶段一"，项目团队分头到现场去，与每个办公室里的设计师、客户、合作伙伴甚至竞争对手交谈，以了解这个领域将如何发展、我们有哪些弱点和优点等。这些讨论带来了一系列工作坊和第一个模型，该模型采用了聚合"重大想法"的形式，而这些重大想法捕捉住了我们所看到的未来。第一个想法就是"小写 d 开头的设计"——把设计当作从各个层面改善生活质量的工具，而不是用来美化艺术馆展品基座和时尚杂志封面的特色作品。第二个想法我们称之为"整体的 IDEO"，即我们的未来取决于我们以相互联系的整体网络的形式，而非各自独立的工作室的方式运作。第三个想法是摒弃我们原有的"工作室"模式（该模式反映了设计师的组织方式），取而代之的是一种未经检验的"全球式运作"新型结构，旨在反映世界本身的组织方式："健康业务"（Health Practice）项目关注为美敦力公司（Medtronic）设计精密医疗器械，为葛兰素史克公司（GlaxoSmithKline）设计成套的教育方案；"从 0 岁到 20 岁"（Zero20）项目关注从婴儿早期到青少年晚期的不同需求；其他设计项目将关注互动软件、顾客体验、"智能空间"设计，甚至组织转型。这时，我们觉得，已经准备好把模型运用于现场。或者更准确地说，我们把现场带向了模型。

我们决定举办一次国际活动，这是 IDEO 从位于硅谷的基地扩张之后举办的首次国际活动。这次活动要把所有的 IDEO 员工聚集到同一个地方。来自波士顿的资深机械工程师、来自伦敦的新入职的平面设计师、来自旧金山的模型制造人员、来自东京的人类行为专家，甚至在帕洛阿尔托市的、我们亲爱的前台接待员薇姬都聚集到了湾区。我们很快就启动了 IDEO 2.0 计划。站在 350 名由同行、同事和良师组成的观众面前启动这一计划，至今仍然是我事业的巅峰。当时，我完全不知道这个计划其实只是个开始，是相对简单的事情。

这次活动获得了极大的成功——为期三天的讲座、研讨会、工作坊、舞会，以及 350 人同时参与的超大规模老式电脑游戏 Pong。然而，接下来的一年却是我经历过的最艰苦的时期之一。随着模型的开发，我们了解到，一个理念需要重复很多次，人们才有可能理解为什么这个理念对他们适用，同样的理念还要重复很多次，才能让人们转变行为。我们了解到，成功领导过地方性小规模团队的管理团队，很难将他们的想法扩展到分布在世界 7 个不同地点的团队中去。我们了解到，那些习惯于完全自主创作的理想化的设计师，并不愿意适应以市场为导向的想法。

我们重新设计 IDEO，因为我们想让这个组织仍然灵活、敏捷、有意义，并能迅速应对正在形成的新型国际环境。5 年后，原来的 7 个业务中有两项已不存在，我们又增加了一个新业务，而且重新设计了一个业务并给它改了两次名以引起与目标客户更好的共鸣。当涉及组织时，不断变化是不可避免的，而且一切都是模型。在这最具挑战的时期，我们提醒自己，成功的模型不是那个完美无缺的模型，而是那个能让我们了解我们的目标、我们的进程以及我们自身的模型。

制作模型有很多种方式，但它们都有一个自相矛盾的特点：为了加速，必须先放慢速度。通过花时间将想法制成模型，我们避免了代价惨重的错误，例如过早变得过于复杂，以及过分坚持一个不中用的想法。

我在前文中提到过，无论是否碰巧在任何享有盛誉的设计专业里受过训练，所有的设计思考者都身处"创新的三个空间"之中。由于在项目的整个过程中设计思维者会不断地"通过动手来思考"，即在项目趋于完成时，旨在获得更高的仿真度，模型制作就是一种能使设计思维者同时进入创新的三个空间的最佳实践。

创新的第一个空间——模型制作总能带给我们灵感，不是因为它是一件完美的艺术品，而是因为模型制作能激发新想法。在项目的进程中，应该尽早开始制作模型，并且我们希望模型的数量要多、制作要快且相当简陋。每个模型都要"恰好足够"用来表达某个想法，这样设计团队就可以对这种想法有所了解并继续前进。一般说来，在精度要求较低时，团队成员自己制作模型，而不是外包给其他人去做，这是最好的办法。设计师也许需要设施完备的模型加工车间，但设计思维者可以在餐厅、会议室或旅馆房间里"建造"模型。

一种促进早期模型制作的方式是设定目标：在项目第一个星期，甚至第一天结束时，就完成一个模型。一旦明确的表述开始出现，尝试这些想法，并从内部的管理层和外部的潜在客户那里得到反馈就变得非常容易。事实上，创新型组织的一个衡量标准就是做出第一个模型所用的平均时间。在某些组织里，这项工作可能要花费几个月甚至几年——汽车业就是一个生动的实例。在多数创新型组织里，制作第一个模型可能只需要几天时间。

在创新的构思空间中，我们制作模型以推进我们的想法，并确保这些想法融合了必要的功能元素和情感元素以满足市场需求。随着项目的推进，模型的数量会减少，而每个模型的精度会提高，但是目的仍然不变：

帮助提炼并改进想法。在这个阶段，如果对模型精密度的要求超过了团队的能力，那么就有必要向外界专家求助，根据具体情况，可以找模型制作人员、视频制作人员、作家或者演员帮忙。

在创新的实施空间中，我们会十分清晰地传达一个想法以使整个组织接受它，证实这个想法，并证明它在目标市场中是行得通的。在这里，制作模型的习惯同样也扮演着至关重要的角色。在不同的阶段，模型也许会被用来证明某个部分中更小的部分是可行的：屏幕上的图形、椅子的扶手，或者献血者与红十字会志愿者之间互动的某个细节。当项目接近尾声时，模型可能趋于完备。它们也许会很昂贵、很复杂，而且可能会与实物无法区分。这时，你知道你有了一个好想法，可你仍然不知道这个想法会好到什么程度。

设计背后的故事 CHANGE BY DESIGN

麦当劳与新产品的第一关

麦当劳以将模型制作过程应用于创新的每一个空间而闻名。在灵感空间，设计师用草图、快速搭建的模型和场景说明来探索新服务、新产品和新的顾客体验。这些也许是在保密状态下进行的，也可能会展示给管理层或顾客以获得初期反馈。发展到构思空间时，麦当劳在离芝加哥不远的总部建立了一个设施完备的模型制作中心，在那里，为了检验新想法，项目团队可以测试各种类型的烹饪设备、销售现场技术和餐厅布局。当某个新想法差不多可以实施时，他们经常会在选定的餐馆中进行试点以检测其可行性。

- 在模型上投入的时间、精力和投资，只要足以获得有用的反馈并推动想法前进就足够了。

- 需要将模型投放到现场，从而观察它们如何存活下来并适应不同的环境。

- 模型可以将抽象概念变得鲜活，这样整个组织就可以了解并理解这个抽象概念。

- 模型制作应当包括那些看来粗糙且简单的研究，而且不仅仅包括实物。

- 制作模型的目的，不是制造一个能工作的模型，而是赋予想法具体的外观，这样就可以了解这个想法的优势和弱势，并找到新方向来搭建更详细、更精密的下一代模型。

CHANGE BY DESIGN

How design
thinking
transforms
organizations
and
inspires
innovation

第 5 章

回到表面，设计顾客体验

我经常乘飞机在旧金山和纽约之间往来，而且我很喜欢这一航程。我来自英国，对我来说，纽约是美国的标志，它是我到过的第一个美国城市。每次要回纽约时，我总感到一阵兴奋。然而不久前，这段航程却变得难以忍受。陈旧的飞机、狭小的空间、难以下咽的食物、糟糕的娱乐系统、不方便的航班时间和冷漠的服务，所有这一切，彻底毁掉了本该无可比拟的旅行魔力。

　　2004 年，仍然在"9·11"恐怖袭击事件余波中艰难前行的美国联合航空公司在旧金山至纽约航线上引入了"优质服务"（premium service），来解决前面提到的一些问题。仅此一举，就使美联航超越了竞争对手。其拥有的多数波音 757 的客舱座椅都被改装成了商务座椅，这是因为这条线路上的绝大多数乘客都是商务旅客。座椅的前后间隔增大了很多，而且新布局让人感觉机舱很宽敞。美联航引入了更好的餐饮服务，并为商务舱乘客提供了个性化的 DVD 播放机。

　　这些改进拉开了美联航与竞争对手的距离，但是对我来说，新服务中有一个方面尤为重要：增大的地面空间改变了我的登机体验。我不仅有很大空间放置我的随身物品，不用担心它们会挡住其他乘客的路，而且从登机到起飞之间漫长的二三十分钟时间间隔变成了一种"社交"体验。几乎每次在航班上，我都会与邻座乘客闲谈，而不会有不耐烦的乘客想办法从我身边挤过。甚至在舱门关闭、小桌板"复原到直立位置"前，美联航就已经设法将登机变成了一种社交体验，这让我对接下来的旅程充满了期待。最终的效果，就是在每次旅行时，我都会感到兴奋，充满期待。这种体验不仅与我的日程安排有关，还与我的情感建立起了联系。

我搭乘商务航班的体验，是那些遵循设计思维原则的组织都要面对的最大难题之一：当乘坐飞机、去商店购物、入住旅馆时，人们不仅在使用某种功能，同时也在经历某种体验。如果不能像优秀工程师设计产品或建筑师设计建筑物那样精心设计体验，那么与体验相伴的功能就会大打折扣。这一章主要讨论体验的设计，探讨 3 个让体验变得意义深长且令人难忘的主题：

1. 我们目前生活在约瑟夫·派恩（Joseph Pine）和詹姆斯·吉尔摩（James Gilmore）所说的"体验经济"中，人们正在从被动消费变为主动参与；
2. 最佳体验不是在公司总部编写出来的，而是由服务提供者在现场提供给顾客的；
3. 执行就是一切。

必须像对待其他产品那样，精心打造并精确设计用户体验。

光有好想法是不够的

创新被定义为"完美执行的好想法"。这是个很好的开端。令人遗憾的是，人们过于注重好想法，而忽视了执行。我见过数不清的例子，很多好想法仅仅因为执行得不好，就无法获得青睐。其中的多数想法从未进入市场，而那些推向市场的则被丢弃在电器商店或超市的仓库里，无人问津。

新产品或新服务会因为各种各样的原因失败：质量不稳定、市场营销缺乏想象力、物流配送系统不可靠或者定价不切实际。可是，即使采用了正确的商业技巧和商业策略，执行过程中的问题也很可能会让好的想法以失败而告终。问题可能出在产品的外形设计上，比如太大、太沉、过于复杂；也可能是新服务中的接触点，如零售空间或软件界面不能给顾客带来满意的体验。这些都是设计上的失败，通常是可以解决的。然而，想法之所以会失败，是因为人们不止需要装在漂亮包装中的产品有可靠的性能，产品的各个部分还要形成一个整体，从而创造出完美的使用体验。这远比解决产品功能问题复杂得多。

对这种提升到新层次的期望有很多诠释与解读，其中最具说服力的一种解释是丹尼尔·平克（Daniel Pink）对所谓富足心理动力学的分析。在《全新思维》(*A Whole New Mind*)[①]一书中，平克指出，一旦我们的基本需要得到了满足，就倾向于找寻有意义、情绪上有满足感的体验。服务业，比如娱乐、金融、医疗等，相对于制造业来说，发展要迅速得多，这就说明了富足者更注重体验。此外，这些服务本身已远远超过了人们对基本需求的满足，好莱坞电影、视频游戏、美味餐厅、继续教育、生态旅游业和定制化购物，近年来已经迅速发展起来。这些服务的价值在于它们创造出的情感共鸣。

---

①《全新思维》中文简体字版已由湛庐文化策划、浙江人民出版社 2013 年出版。——编者注

迪士尼与体验经济

迪士尼公司也许是体验型企业的典型实例，而且我们不应当假定迪士尼只是家娱乐公司。体验更深刻，而且更有意义。体验意味着消费者的主动参与，而非被动消费，而且体验可能会发生在许多不同的层面上。你三岁的女儿和你一起跟着动画片《小美人鱼》的主题曲哼唱，这种体验远不止娱乐活动那么简单。全家一起去迪士尼乐园也许让人很头疼，比如吃得很差，排队时间太长，最小的孩子因为个子太矮不能去坐过山车而号啕大哭，但是多数去过迪士尼乐园的人都会把它当作家庭生活中最棒的体验之一留在记忆中。

所以，"体验经济"的真正含义首先不是娱乐。派恩和吉尔摩在《体验经济》中所描述的价值等级，从日用品到商品、服务，再到体验，与体验世界方式的根本转变吻合，从主要考虑功能，转变为主要考虑产品与服务所带来的情感体验。由于了解了这一转变，许多企业加大资金投入，为顾客提供更好的体验。仅仅依靠产品的性能优势，似乎已经不足以吸引顾客，也不足以创造卓越品牌来留住顾客了。

让消费者参与其中

工业革命不仅创造了消费者，还创造了消费社会。维持工业化经济所要求的庞大规模意味着不仅商品要变得标准化，与之关联的服务也变成标准化的了。标准化过程给社会带来了诸多好处，包括更低的价格、更好的质量和更高的生活水平。而它的坏处在于，随着时间的推移，消费者几乎完全变成了被动的角色。

在19世纪末发明了现代设计的英国改革家们清晰地意识到了这个问题，他们预见了标准化世界的未来：从英国工厂源源不断涌出的廉价商品与制造产品的工人没有任何关联，对购买它们的消费者来说没有任何意义。威廉·莫里斯（William Morris）是英格兰艺术与手工艺运动中具有传奇色彩的幕后推手，他能言善辩，是新型世界观的代言人。这种世界观认为，工业革命虽然引领我们进入了一个无法想象的富足时代，却丧失了感受、激情和人与人之间的深度关联。他在生命即将走到尽头时大声疾呼："好好想想吧！是否一切终将成为废墟上的点钞机？"

莫里斯是一个不可救药的浪漫主义者，他确信工业化割裂了艺术与实用的关联，在"有用的劳作与无用的苦工"间开掘了一道鸿沟，在追求物质生活的过程中污染了自然环境，削弱了人类本应该值得庆贺的享受劳动成果的能力。莫里斯于1896年去世，他觉得他未能完成自己的使命，即调和实物与体验之间看似矛盾的价值。他哀叹道，他的手工业同行已经与"凭借高超技艺为王室工作的令人生厌的贵族"没什么两样了。然而，几乎不知不觉地，这些人设定了推动20世纪设计理论演进的议程。

今天，我们仍然拼命设法从泛滥的信息产品和工业产品中创造有意义的体验，当我们消费这些产品时，甚至有被它们吞噬的危险。斯坦福互联网与社会中心（Stanford Center for Internet and Society）创办人、法学教授劳伦斯·莱斯格（Lawrence Lessig）如果看到自己被比作威廉·莫里斯，可能会很吃惊，但是在大媒介时代，为了控制人们的创造力，他正延续着莫里斯对抗大工业的运动，并继承了莫里斯把设计作为社会改革的工具的伟大传统。在一系列图书、讲座和演讲中，莱斯格展示了我们如何从一个大多数人都是制造者的前工业社会，转变成一个大多数人已成为批量生产的大众媒体的消费者的工业社会——这种转变在许多产业中都可以看到。莫里斯怀念中世纪手工艺人自己制作产品这种过度理想化的幻象，然而，与这位维多利亚时代的前辈不同，莱斯格期待着后工业数字时代的到来，届时人们将再次创造自己的体验。

莱斯格以音乐为例，展示了人们如何从 20 世纪末的被动消费，转变为主动参与创造消费体验。在发明收音机和留声机前，作曲家把乐谱卖给出版社，接着出版社把乐谱以活页乐谱的形式卖给那些在家庭聚会上自己演奏音乐的顾客。随着新的传播媒介技术的出现，我们每晚不再在家里演奏音乐，而是在家里听音乐：起初用收音机或留声机，后来用立体声音响、音箱和随身听。然而，随着数字音乐和互联网的出现，更多人对音乐进行再创作，而不仅仅是听音乐。我们现在可以用软件工具从网上截取音乐，进行混音、制作小样以及混搭音乐，并重新在网上发布这些音乐。像"苹果车库乐队"（Apple's Garage Band）这样的应用软件，允许人们在没有经过正规培训，甚至在不会演奏乐器的情况下创作音乐，于是 7 岁的孩子也能创作出独特的乐曲，并将其用在为学校书面报告作业所做的幻灯片中。

由莫里斯和莱斯格分别发起的运动，相隔一个世纪、一个大洋和又一次技术革命，这预示着作为体验设计师，我们要实现感知的转变。网络 1.0 是用信息对潜在用户进行轰炸，而网络 2.0 关注的则是如何让用户参与，同样地，企业现在也明白，不能再把人当作被动的消费者了。从前面章节的内容我们看到，向参与式设计的转变正快速成为开发新产品的规范。对于顾客体验来说，也是如此。

设计可以丰富我们的生活，通过图像、形状、质地、颜色、声音和气味与用户建立情感上的联系。设计思维固有的以人为本的特性，指明了设计的下一步：采用换位思考和对人的理解来设计顾客体验，以此创造机会使顾客积极投入与参与。

为顾客打造体验

迪士尼可能是大规模体验最有力的证据之一——位于阿纳海姆的迪

士尼乐园一天就可以轻松接待 10 万名游客。不仅是它，我们现在看到越来越多的品牌也是建立在参与式体验之上的。食品业也许能提供最引人注目的产业转型实例，这种转型在生产源头和分销点都存在。在 20 世纪五六十年代的欧洲和美国，地方性的小商店开始消失，取而代之的是廉价但缺乏创意的超市。对低价的追求，通过包装、化学防腐、冷藏、贮存和长途运输这样的工业流程而实现，不仅使食物失掉了很多自然特质，还使接近人类社会起源的购物体验丧失了人性化的因素。农贸市场、社区支持农业、慢食运动越来越受欢迎；从迈克尔·波伦（Michael Pollan）的《为食物辩护》（*In Defense of Food*）到芭芭拉·金索沃（Barbara Kingsolver）的《动物、蔬菜、奇迹》（*Animal，Vegetable，Miracle*），各种文学作品层出不穷，说明了消费者渴望与过去不同的食品购买体验。

在前文中，我详述了美国最成功的零售商之一——全食超市受到的欢迎。全食超市持续发展，不仅因为有机食物市场不断增长，还因为该公司懂得体验的重要性。商店的每个方面，包括新鲜农产品的陈列方式、免费样品、有关食物准备与储存的丰富信息、各种"健康生活方式"的商品等，都吸引着消费者流连并参与其中。在得克萨斯州奥斯汀市全食超市的旗舰店里，顾客甚至可以亲自烹饪。

体验型品牌提高了服务标准，这就要求企业能抓住每一个可能的机会，令顾客全心投入。维珍美国航空公司（Virgin America）是一家体验型企业，正如其网站、服务互动以及广告所表明的，所有这些服务可以让旅客轻松办理登机，并在实际的飞行途中感觉很放松。美联航却做不到这点。尽管联合航空的"优质服务"项目很棒，但在其他方面，该公司并没有设法改善旅客体验。然而，实验随处可见，我们也许会在意想不到的地方发现这些实验。

梅奥医学中心与从尖端研究到围绕患者体验的创新

美国明尼苏达州罗切斯特市著名的梅奥医学中心（Mayo Clinic）与全食超市、维珍美国航空公司或迪士尼相比，是一个本质上完全不同的体验型品牌。像许多顶级医院一样，梅奥医学中心以员工的专业技能和医生治疗复杂疾病的医术而闻名世界。然而，该机构将自己与竞争对手区分开来的东西，却是将自己的声望从尖端研究拓展到围绕患者体验的创新。

2002 年，医药部主任尼古拉斯·拉鲁索（Nicholas LaRusso）医生与副主任迈克尔·布伦南（Michael Brennan）医生率领一个医生团队，带着临床体验实验室的想法找到了 IDEO。他们设想是否有可能创建一个全新的临床体验实验室，在医院实际建一栋楼，在那里构思新的患者护理方法，并将这种方法具体化，利用模型来测试其效果呢？根据设计思维应用指南中的一系列原则，我们将实施过程调整为"观察（See）- 计划（Plan）- 执行（Act）- 改进（Refine）- 交流（Communicate）"，并将其纳入梅奥医学中心 2004 年启动的最尖端的 SPARC 创新项目中。我们把这个过程带到了梅奥医学中心。

SPARC 实验室是设置在临床医院（准确地讲，就是从前泌尿科所在的位置）中的设计工作室，在这里，设计师、商务策略专家、医学与健康专业人员及患者密切合作，探索能够改善患者 - 医护人员互动体验的各种设想。这个实验室既是一个实验诊所，又是一个为医院其他部门提供咨询的独立设计咨询服务部。在任何时候，都有六七个项目在 SPARC 实验室中进行，从重新构思传统检查室，到制作电子挂号台界面的模型。SPARC 项目工作人员及其分支机构所进行的工作，看来注定要改变整个医院范围内的患者体验。

从迪士尼乐园到梅奥医学中心，体验能够在最轻松和最严肃的领域里被创造出来。SPARC 项目表明，设计思维不仅可以用于产品和体验，还可以扩展到创新过程本身。

诱导人们改变行为

我们常常听到许多受挫的管理者（或政治家、健康倡导者）感叹，要是消费者（或选民、患者）愿意改变他们的行为，事情就都好办了。令人遗憾的是，在最佳情况下让人们改变行为就已经很困难了，而如果对方心怀抵触，就根本不可能让人做出改变。

一种让人们尝试新事物的方法，就是将新事物建立在熟悉的行为之上，就像我们唤起美国成年人儿时的回忆，为禧玛诺公司创造出自行车骑行新体验——滑行那样。还有一个同样引人注目的故事。

美国银行与零头转存

美国银行邀请 IDEO 帮助开发一种产品思路，既有助于维持现有客户，同时还能带来新客户。设计团队想出了十多个方案，比如针对生育高峰期妈妈的服务项目、帮助父母教孩子如何合理理财的教育工具。但是其中的一个想法特别突出：帮助客户增加储蓄的服务。其当务之急是要理解人们普遍存在的行为，于是我们担当起人类学家的角色，出发前往巴尔的摩、亚特兰大和旧金山，了解储蓄在普通美国人生活中的作用与意义。

我们发现，所有人都想多存点儿钱，可是只有少数人有办法把钱存起来。与此同时，许多人下意识采取的举动指出了一个很有希望的方向。比如，有些人会习惯性地多缴些水电费，要么是因为不喜欢找零钱，要么是为了确保不会因为迟缴费而被收滞纳金。另一类"看不见的储蓄"，是习惯每晚把多余的零钱扔进一个罐子里——对他们的孩子来说，这是件令人高兴的事，因为他们发现这是个取之不尽的零花钱来源，而对银行出纳来说，这却是件麻烦事，因为他们得数这大把零钱，给顾客换成整钱。项目团队由此推断，也许有可能找出建立在这些行为线索之上的方法，鼓励人们储蓄。

在进行了无数次的重复、验证和模型制作后，美国银行于2005年10月推出了一项新服务，叫作"零头转存"。这项服务自动将借记卡购物金额四舍五入到最接近的整数，然后把差额转入顾客的储蓄账户。比如，当我早上在毕兹咖啡店（Peet's）买拿铁咖啡，用借记卡支付3.5美元时，银行会自动扣除4美元，然后将50美分的零钱存入我的储蓄账户。如果我用4美元现金付账，就会收到50美分的找零。在喝咖啡的同时，我的储蓄额度在迅速地自动增加。我并不是唯一觉得这种储蓄方法简便易行的人。在推出后的第一年，"零头转存"就吸引了250万名顾客，这些顾客办理了超过70万个支票账户和100万个储蓄账户。关于复合利息的学究训诫，或是关于金钱真正价值的道德说教，估计很难在大范围内改变大手大脚消费者的储蓄习惯。然而，通过把新服务嫁接到顾客已有的行为之上，IDEO设计出了这种服务，既让人因熟悉而放心，又足够新颖可以吸引来新顾客。不知不觉，美国银行顾客的储蓄额就达到了前所未有的水平，而且他们自己可能从未想过会有这样的成果。

人人皆是设计思考者

与其他任何行业相比，为旅馆业设计出令人满意的体验是个更大的难题，而且可能要冒更大的风险。任何旅客都会回忆起某些惊心动魄的时刻，周到的酒店员工把潜在的大麻烦变成了出色的体验，相反的情况也是一样。美国银行只需一次性设计出服务界面，而出色的连锁酒店不仅要提供完美无缺的服务，还要自始至终保持服务的品质，这决定了酒店的成败。另外，像所有体验型品牌一样，酒店成功与否很大程度上取决于人。

四季酒店与换位体验

四季酒店以服务质量和豪华的设施而闻名。四季酒店还有一套独特的员工培训体系，这也让它在旅馆业中享有盛誉。在这个培训体系中，员工学习如何预知顾客的需求，以及如何在同事想法的基础上进一步思考——正如我们已经看到的，这是设计思考者的重要特质。其中一个项目看起来像是诱人的福利，但实际上却是非常精明的投资。工作仅 6 个月后，合格的员工就有资格入住全球范围内的任何一家四季酒店，以顾客的身份体验豪华酒店的服务。酒店员工在小住之后回到公司，对服务有了亲身了解，并畅所欲言，从换位思考角度提出了种种建议，以便提供最佳体验。四季酒店知道，非凡的体验开始于自己的员工。

创造体验文化要求超越一般，设计出为每位顾客量身打造的体验。不同于批量生产的产品或标准化服务，当体验带给人个性化和量身打造的感觉时，体验本身就会焕发出活力。有时这种感觉可以通过技术获得，就像雅虎允许人们定制自己的搜索页面一样。多数情况下，这种感觉来自体验提供者能够在适当的时机向体验中加入特殊或适当的东西。这种对时机的把握，很少来自公司的策略，这些策略是远离体验现场的营销主管们在几个月甚至几年前制定的。身在总部的设计团队，也许创造出了出色的体验平台，甚至还制定出了有用的脚本来推动体验过程，但是他们却不能预料现场的每一个机会。这就是为什么四季酒店培训项目包含了即兴内容，而不是用预先制定好的脚本对员工进行严格训练的原因所在。真正的体验文化是自发文化。

丽思卡尔顿酒店集团与"场景图片"

万豪国际的子公司暨万豪酒店的姊妹品牌丽思卡尔顿酒店集团（Ritz-Carlton），邀请 IDEO 帮助它们在丽思旗下的 50 个豪华酒店中，大规模地创建体验文化。是否有可能把个性化体验的想法贯彻到每个酒店中去，而又不失人情味，也不放弃自身的特色呢？当然，创造出完整而协调的体验的关键，是要尽量避免创造出完全一致、单一化的体验。

IDEO 的设计师决定开发一个由两个阶段组成、名叫"场景图片"（Scenography）的项目，旨在为管理者配备工具，预测客人需求并满足客人期望。在第一阶段，设计团队制作了一个工具包，包含有启发性案例，用来展示出色的体验文化是什么样的。通过采用艺术和戏剧中常用的视觉语言，包括场景、小道具、气氛渲染以及原创摄影，捕捉精确的情绪氛围，设计团队重塑了酒店管理者的角色：不仅仅是业务经理，还是能够设计与创造丰富顾客体验的艺术总监。

在第二阶段，设计团队向酒店管理者阐明：每个酒店的运营都自成一体，有丰富的地方特色和适用于特定建筑格局的管理模式。"场景图片"并没有建议每个酒店都遵循毫无特色、整齐划一的企业标识，而是开发了一个模板，帮助酒店经理自行判断是否达到了设想出的场景所大致描绘出的高标准，他们甚至可以从头开始描绘自己的场景。酒店业历来都在为顾客提供毫不关联的产品和各自独立的设施。我们想让酒店管理者把酒店服务看作随时间推移持续进行的过程，会有很多不期而遇的邂逅和由此产生的强烈情感体验。事实上，我们是在要求他们通过体验讲述故事。

酒店业品牌是建立在提供愉快体验之上的，我们从这个行业学到的是，转变组织机构文化与设计大堂或设计停车服务同等重要。无论何时何地看到机会，都要允许员工抓住这些机会，并为他们提供工具，创造出无法预先设计的顾客体验，正是这一转变的根本要素。要鼓励员工自己成为设计思考者，而不是盲目遵从由一群与其无关的设计师专门制定的工作指令。

有想法更要有行动

最近，我和同事去密歇根州大急流城出差，傍晚时分我们到达了一家新开张的 JW 万豪酒店。我们本想到市区随便吃点儿东西，可是前来迎接的一位世楷公司的合作者告诉我们，已经为我们安排好在这家酒店的"超豪华包厢"里用餐。电影《泰坦尼克号》中船长专用餐厅的画面在我脑海中闪过。我开始假装有时差，但却没什么用。我们被护送到餐厅，然后被领着穿过上菜专用门进了厨房，受到助理厨师长、面点师和侍者的欢迎，最后我们被领进厨师长的专用办公室，在那儿已经布置好了餐桌。我们深入到厨师长的私人领地，房间里有很多食谱、开了瓶的葡萄酒，令人心醉的音乐流淌室内，还有进行大规模烹饪要用到的各式各样的厨具。接下来是一顿完美的晚宴。我们跟厨师长聊起当地的农产品、厨房的秘密和做厨师的诀窍。那晚，我学到了很多关于食品的知识，也学到了更多关于设计思维的东西。

你不必是高档餐馆的厨师长就能意识到，用餐不仅仅是食品、营养或饮食。当朋友来你家吃饭时，你会好好考虑这一体验：要做什么菜？应该在室外还是室内进餐？座位安排是要照顾老朋友间的低声交谈，还是要设计得能给商务合作伙伴留下深刻的印象，或者是要让外国客人感到自在？在心中思量这一过程，是做一顿饭和设计一种用餐体验的区别，然而，在呈现体验的过程中不出现纰漏也是非常重要的：如果沙拉不新鲜，鸡肉嚼起来像橡皮，找不到开瓶器，所有的效果就都会丧失。要把想法变成体验，在执行时一定要像在构思时一样精心。

像晚宴这样的一次性体验，有点儿像制作一件精致的木工艺品：它要利用木头的纹理，并带有手工艺人的印记，而且不完美是其魅力的一部分。然而，对于重复多次的体验，应当精确设计体验过程中的每一个元素，这样才能前后一致且十分可靠地提供人们想要的体验。我们可以把服务设计比作像宝马这样优秀产品中的每一个细节。设计师和工程师会不遗余力，确保车子内部的气味、座位的手感、发动机的声音和车体外观都相互支持、相互促进。

在设计房屋方面，弗兰克·劳埃德·赖特以过分讲究而闻名，他会考虑到房屋主人体验的每个方面。迈耶·梅屋（Meyer May House）是位于大急流城郊区的一所不大的住宅，通过对房屋整体布局的设计，可以保护屋主和客人的隐私，一个又一个的设计细节都服务于这个整体目标。餐桌摆放在餐厅中合适的位置，这样每个人都看得到外面。照明设备没有安装在天花板上，而是安放在餐桌四角的柱子上，这样照在每个人脸上的灯光就会很柔和。高靠背餐椅在聚会四周制造出一道私密的边界。赖特还要求，不要在餐桌上放置较高的装饰物，以免遮挡就餐者的视线。在整所房子中，他把居住体验的每个细节都照顾到了。

对赖特的许多批评者，甚至他的一些客户来说，这实在太过分了。赖特的办公室里堆满了可怜的客户来信，他们在信中谦卑地请求赖特允许他们重新摆放一件家具或更换窗帘。当富豪希巴德·约翰逊（Hibbard Johnson）打电话给赖特，抱怨屋顶漏雨了，雨水正滴到他的脑袋上时，据说这位大师反驳道："那你为什么不把椅子挪开点儿？"赖特可能像暴君那样专制（据说他的客户还不如他的资助人多），但他有自己的信念：如果建筑师不仅要交付房子，还要交付居住者的体验，那么设计和实施就必须协同作用。正是这种信念在激励着赖特。

制作客户体验蓝图

在没有大幅面复印机，更谈不上电脑辅助设计的时代，设计师们需要为工厂车间的制造承包商和工人复制技术制图。他们采用了一种化学方法，可以制作出带有浓重氨水味、用蓝色线条勾勒出的图纸，这就是蓝图。"蓝图"后来变成了制造或建筑具体要求的同义语。在同一张纸上，蓝图既展示了整体计划，又提供了具体细节，既有最终目标，又有实际的执行方法。就像产品开始于工程蓝图、建筑物开始于建筑蓝图那样，体验蓝图提供了一个框架结构，可以用来拟订人与人互动的细节——但却没有氨水味。

与办公大楼或台灯的设计图不同，体验蓝图还要描绘情绪因素。体验蓝图记录了人们在时间上如何经历某种体验。然而，体验蓝图并非要编排这一过程，而是要找出最有意义的时间点，并将它们转化成机会。当万豪酒店决定将注意力集中到顾客与酒店之间的第一个接触点（可能也是最重要的一个接触点），即登记入住的体验上时，体验蓝图的理念就浮现出来了。

设计背后的故事

万豪酒店与"舒口气时刻"

万豪酒店已经投入了几百万美元，用来改进这个假定的顾客旅途中最重要的时刻。万豪酒店找来了建筑师，准备好了操作手册，并为广告代理商安排好工作内容。然而，这个策略只有一个问题：这一前提基于假设，而非出自观察。万豪酒店的战略假定，当困乏的旅客在前台受到热情接待时，这一友好体验将为客人余下的旅程增色。仔细审视这个情景的全貌就会发现，即便最愉快的登记入住体验，也只是更像跳过最后一道栏板，而不是冲过终点线。

为了检验这一前提，一个设计团队在旅行者下飞机时迎接他们，陪他们坐出租车或开着租来的车前往旅馆，观察登记入住过程的每个细节，然后跟他们上楼进入房间。设计团队发现，当旅行者进入房间，把外套扔到床上，打开电视，并长舒一口气时，才是真正重要的时刻。这个时刻后来被称为"舒口气时刻"，它为体验创新提供了最明确的机会，于是设计团队说服万豪酒店将资源转投到改善顾客"舒口气时刻"的体验。

如同工程蓝图或建筑蓝图一样，体验蓝图采取实体文件的形式指导体验的建立。不同于事先准备好的操作规范或操作手册，体验蓝图在顾客体验和商业机会间建立起了联系。每个细节都有可能破坏商家与客户的关系，比如混乱的标识、漫不经心的门童，只有少数几个细节可能创造出令人满足、让人难忘的独特体验。蓝图既是高度概括的战略文件，也是对重要细节的精细分析。

从航空公司到医院，再到超市、银行和酒店，可以清楚看到，体验比不会动的物体复杂得多。体验随地点的不同而不同，随时间的推进而改变，而且人们通常很难提供恰到好处的体验。某种体验的设计也许包括产品、服务、空间和技术，但体验会把我们带出可计量效用的舒适世界，进入情感价值的模糊区域。

最好且最成功的体验型品牌有许多共通之处，能为我们提供一些可靠的指导方针：

1. 成功的体验要求消费者积极参与。
2. 让人觉得可信、真实、吸引人的顾客体验，很可能是由置身于体验型文化中的员工设计出来的。
3. 每个与顾客的接触点，都必须以深思和精确的方式来执行。应当像制造德国汽车或瑞士手表那样，精心设计并打造顾客体验。

- 执行就是一切。必须要像对待其他产品那样，精心打造并精确设计用户体验。

- 设计思维不仅可以用于产品和体验，还可以扩展到创新过程本身。

- 创造体验文化要求超越一般，设计出为每位顾客量身打造的体验。

- 要把想法变成体验，执行时一定要像构思时一样精心。

- 蓝图既是高度概括的战略文件，同时也是对重要细节的精细分析。

- 成功的体验要求消费者积极参与。让人觉得可信、真实、吸引人的顾客体验，很可能是由置身于体验型文化中的员工设计出来的。

- 一种让人们尝试新事物的方法，就是将新事物建立在熟悉的行为之上。

CHANGE BY DESIGN

How design
thinking
transforms
organizations
and
inspires
innovation

第 6 章

把你的想法传播出去，
故事的影响力

把一个国家的首相变成公司营销策略的一部分并不容易，但是屡获殊荣的日本博报堂广告公司（Hakuhodo）的高级财务官加古井诚和伊藤直树却运用讲故事的力量，在他们发起的清凉商务活动（Cool Biz）中做到了这一点。

日本博报堂广告公司与清凉商务运动

2005 年，在富有想象力的小池百合子大臣领导下的日本环境省寻求博报堂广告公司的帮助，以促使日本人积极参与并实现日本对《京都议定书》中减少温室气体排放目标的承诺。日本政府之前已经做过一些尝试，但推广效果相当有限。博报堂广告公司建议发起一项活动，发扬日本社会的集体主义精神，共同实现一个具体目标：同心协力将温室气体排放量减少 6%。由日本环境省委托进行的一项调查表明，不到一年，"清凉商务"的口号就已出人意料地被 95.8% 的日本人所接受。

正如博报堂广告公司认识到的，真正的挑战是不仅要让公众熟悉这项活动，还要让他们觉得这是件有意义的事。为了达到这个难以把握的目标，设计团队招募一群专家帮助他们找出 400 个增加或减少温室气体排放的日常活动，然后将这个列表减少到 6 个关键活动，其中包括夏天调高空调温度、冬天调低空调温度，关上水龙头节水，开车不要急刹车或猛踩油门，购物时选择更环保的产品，停止使用塑料袋，以及在不用电子产品时关闭电源。之所以选择这些活动，是因为每个活动都既能让人们愿意参与又能产生所期望的影响。多数人可以将这些活动与日常生活结合起来，而且随着时间的推移和累积的效果，这些活动将产生巨大的影响。

该项目第一年的目标是解决空调节能问题。在日本，办公楼空调系统的目标温度习惯上被设定为 26℃，这样，穿西装打领带的男性职员可以在炎热、潮湿的夏季舒适地工作，但穿正装短裙的女性职员却经常需要用毯子盖住膝盖来保暖。并且，尚不论在炎热的夏季将楼内温度降到这么低需要消耗大量的能量，这种办公室里的奇怪现象本身就已经够糟糕了。

博报堂广告公司于是发起了清凉商务运动，即从每年的 6 月 1 日至 10 月 1 日，商务人士可以改穿更加休闲的服装，这样的着装会使人感觉更凉快，那么空调温控就可以从 26℃提高到 28℃。这是一个小小的调整，却能节省大量能源。然而，根深蒂固的文化习惯却有可能推翻这个合理的想法——如何让保守的日本商人改变着装习惯？博报堂广告公司并没有采用散发书面宣传材料或播放电视广告的方式向人们灌输这一想法，而是于 2005 年爱知世博会期间组织了一次清凉商务时装秀。在时装秀上，许多首席执行官和企业高管身着敞着领口、材料轻薄的休闲商务服饰，大摇大摆地走在 T 台上。甚至不打领带、身穿短袖衬衫的日本首相小泉纯一郎也出现在报纸和电视的特别报道中。

这项运动引起了轰动。在这个传统且等级森严的社会里，人们严格服从上级，这项运动则传达出这样一种观念：为保护环境而背离传统的商务着装方式是可以接受的。为了强化这一观念，政府给那些加入此运动的组织分发了清凉商务徽章。如果你的同事佩戴了清凉商务徽章，你就不能因为他们身着休闲服而责怪他们。这是日本100年来第一次重新制定商务礼仪。在三年的时间里，全日本已经有 25 000 家企业加入了清凉商务运动，已经有 250 万人登录清凉商务网站并表达了参加这项活动的意愿与决心。

目前在日本，清凉商务已经衍生出在冬季节约能源的"温暖商务"，而且清凉商务运动也在亚洲其他地方开始蓬勃兴起。

通过清凉商务运动，博报堂广告公司将一个理念变成了一项宣传活动，又将这项宣传活动变成了有上百万普通市民和政商精英参与的运动。博报堂广告公司没有依赖传统的广告形式，而是制造了一个话题。报纸杂志之所以争相报道这一现象，是因为公众对此想要有所了解。于是，黄金时段的新闻节目也纷纷参与报道。清凉商务运动已经变成了一个很棒的故事。

人们提出了很多观点来解释人类与其他物种的区别，例如直立行走，使用工具、语言和符号系统等。人类讲故事的能力同样也是一种区分方式。记者罗伯特·赖特（Robert Wright）在引起争议的《非零和时代》（*Nonzero*）一书中提出，在人类 4 万年的历史中，意识、语言和社会与讲故事技巧之间已经建立起了一种紧密的联系。在人类学习如何把自己的想法传播出去的过程中，人类的社会结构从游牧群体发展成了部落，又发展成了定居村庄，然后成为城市和国家，进而发展成为跨国组织和运动。不久前，日本人还在夏季为办公楼降温，在冬季为办公楼升温，这样工作时身穿西服就不会感到太热或太冷，而且他们还用讲故事的方式为这种做法提出了合理的解释。

多数情况下，我们通过讲故事的方式为自己的想法提供了一个背景框架，并赋予这些想法以意义。因此，在设计思维这种本质上以人为本来解决问题的方法中，人类讲故事的能力起着非常重要的作用，就是自然而然的事了。[①]

在第四维空间做设计

我们已经看到，讲故事在设计的诸多方面起着作用，包括在人种志研究中、在我们开始理解收集到的大量数据的整合阶段、在体验的设计中。在每种情况下，我们都并不是简单地在设计师工具包中增加一个新的小工具，而是引入一个全新维度：第四维度，即沿时间轴的设计。当我们在客户体验旅程中设计出多个接触点时，我们其实正在建构一系列在时间上连续发生且相互关联的事件。故事板、即兴表演和场景说明是许多叙述技巧中的几个，在新想法逐渐露出端倪的过程中，这些技巧有助于把新想法具体化。

沿时间轴进行的设计与在空间中的设计有些许不同。设计思考者必须能够自如地沿这两个维度进行设计。早在 20 世纪 80 年代我就明白了这一点。那时计算机行业的设计师最关注的是硬件，软件领域仍然是计算机实验室里的电脑怪才而非设计师的地盘，更不是学生在学校里、职员在办公室里或消费者在家里所能接触到的。然而，面向大众市场的苹果麦金塔计算机却改变了这一切。Mac 笑脸标志讲述了一个与 MS-DOS 闪烁的绿色光标完全不同的故事。

[①] 了解了故事的影响力之后，就要想办法提升自己讲故事的能力。要实现这个目标，可阅读由湛庐文化策划、浙江人民出版社 2019 年出版的《故事模型 2.0》的中文简体字版。——编者注

Mac 与 MS-DOS 与交互式设计

那些居于麦金塔软件团队核心层的优秀设计师们，诸如比尔·阿特金森（Bill Atkinson）、拉里·特斯勒（Larry Tesler）、安迪·赫兹费尔德（Andy Hertzfeld）和苏珊·卡雷（Susan Kare），并不是当时唯一考虑如何创造计算机完美使用体验的人。1981年，新兴的数字技术把比尔·莫格里奇（Bill Moggridge）从英国吸引到了美国的旧金山湾区，他开始为一家叫作 GRiD Systems的硅谷创业公司设计一款奇特的小型"膝上型"电脑。这个团队因为将薄而平的屏幕折叠到键盘之上的想法而获得了专利。GRiD Compass 电脑创立了膝上型电脑的标准设计，赢得了数不清的奖项。然而，一旦计算机启动，糟糕的基于 DOS 的操作系统就会破坏用户的使用体验。为了进行最简单的操作，必须键入一系列难以理解的指令，而这些指令与使用者的体验没有任何联系——电脑可以像笔记本一样被折叠成一半大小塞入公文包中，而 DOS 系统与电脑本身的精巧设计产生了鲜明的反差。

受 Mac 和 GRiD 的启发，莫格里奇确认，在软件开发领域中必须要有专业设计师的一席之地，设计师要参与到电脑的软件开发当中，而不只是参与电脑的硬件设计。这个想法指引他提出了一个新领域：交互设计。1988 年，当我加入莫格里奇创办的旧金山爱迪托公司（ID Two）时，我与一个由交互设计师组成的小团队共同参与了计算机辅助设计、网络管理和后来的视频游戏及各种在线娱乐系统等项目。对一个习惯于设计互不关联的实体物品的工业设计师来说，设计一系列随时间变化的动态互动是一种彻底的改变。那时我意识到，必须对我提供设计服务的人有更深刻的了解；必须要像关注用户所用的产品那样去关注用户的使用行为。这就是莫格里奇不断提醒我们的："我们是在设计动词，而不是在设计名词。"

设计某种互动就是要让故事随时间展开。这种认识已经引导交互设计师在设计中尝试运用从其他设计领域中借用的叙述技巧，比如故事板和场景说明。例如，在为天宝导航公司（Trimble）开发现代全球定位系统的前身产品时，设计师讲述了一个水手如何从一个港口航行到另一个港口的故事。每个场景都描绘了一个必须被设计到系统中去的重要步骤。早期的交互设计师有过分强调规范的倾向，而现在的交互设计师则正在学习放宽限制，允许用户在产品使用过程中有更大的决定权。现在，几乎每件事都有互动的成分。软件与它所依托的硬件之间的区别已经变得模糊了，而且基于时间的叙述技巧已经进入设计的每一个领域。

将时间嵌入到设计过程中

目前，医疗体系中令人苦恼的诸多问题之一就是"无法坚持治疗"。医生诊断病情之后，患者在治疗期间常常不能坚持服用医生所开的药。制药业因为自身的原因对此非常关注：患者放弃治疗会导致制药公司每年损失上百万美元。但同时，放弃治疗本身也是一个严重的医疗问题。用直言不讳的美国卫生部前部长爱德华·库普（C. Edward Koop）的话来说，"如果患者不吃药，那药就不会起作用"。对于患有心脏病或高血压等慢性病的人来说，不坚持服药会有使病情恶化的危险。在其他情况下，例如在针对细菌感染的抗生素治疗中，不坚持治疗的患者也许会令耐药的弱毒微生物散布到更大的人群中去，从而给其他人带来感染的危险。

制药公司与让患者发现自己

IDEO 公司在特定的坚持用药习惯方面，已与几家制药公司进行了合作。项目概要是：制药公司花费上亿美元研发药物，所以经常会采用强势的营销策略来宣传药物，然而当患者停止服药时，这些制药公司会失去医疗上和商业上的优势。这些制药公司采用的是传统的产品销售方式，没有创造出让患者持续用药的体验。制药公司不应该用不受欢迎的推销去打扰医生，也不应该用讨厌的电视广告去骚扰公众，而是应该运用设计思维去探索药品销售的新方法。

在医学治疗过程中有三个自我强化的阶段：首先，患者必须了解自己的病情；其次，患者要认可自己有必要接受治疗；最后，患者采取相应的治疗措施。这个基于时间的"坚持治疗回路"显示出，这个架构中有许多不同的时间点，因此就有可能在这些时间点上为患者提供坚持治疗所需的正向强化。我们可以设计出更完备的信息让人们了解自己所患的疾病；可以用更好的方法分发和管理药物；在"坚持用药旅程"中，患者可以从团体支援小组、网站和由护士应答的电话服务中心那里得到帮助。

特定方法的组合可以根据特定的疾病和治疗方法而有所变化，但是有两个基本原则是相同的：首先，就像所有其他基于时间的设计项目一样，在这个过程中每位患者的经历都是独一无二的；其次，让每个人成为自己故事的积极参与者，效果就会好得多。基于时间的设计意味着把人看作活生生的、不断成长的、能思考的生物体，并让他们参与到撰写自己故事的过程中去。

为新想法争取资源

随时间展开、能够吸引参与者加入并允许参与者讲述自己故事的体验，可以解决在每个新想法诞生与实现过程中存在的两大障碍：如何让新想法在自己的组织内部获得认可，以及如何将这个想法传播给外界。一个想法可以是一件产品、一项服务或一种策略。

很多好想法之所以消亡，不是因为市场不接受这些想法，而是提出这些想法的人没有查清所在组织内难以捉摸的情况。任何复杂的组织都必须平衡很多相互矛盾的利益，而正如哈佛商学院教授克莱顿·克里斯坦森（Clayton Christensen）所论证的，创新的想法具有颠覆性。如果某个想法是真正的创新，那它就会挑战现状。通常这样的创新可能会取代原有的成功之举，并将昨天的创新者变成今天的保守派。这些新想法会从其他重要项目那里夺取资源。这些新想法会因提供了新选择而让管理者为难，因为每个新选择都有不可预知的风险，就算不做任何选择也有风险。考虑到所有这些潜在的障碍，新想法能在大型组织机构中存活下来就是一个奇迹。

任何一个好故事的实质，都是用具有说服力的关键记叙来说明某个想法是如何满足某种特定需求的，例如，协调与住在城市相反方向朋友的聚餐时间，在一次商务会议期间注射胰岛素而不引起注意，以及从驾驶燃油汽车改用电动汽车。随着故事逐渐展开，故事将赋予每个角色一种使命感，并将每个参与者纳入活动中去。故事要有说服力，但不要包括不必要的细节，以免使听众不知所云。故事要包括许多细节，以使故事的叙述具有现实的可行性。故事要让听众相信"讲述"故事的组织有能力将故事变为现实。正如实耐宝公司（Snap-on）的高管们所发现的，所有这些都需要技巧和想象力。

实耐宝公司与特色工具箱

从社区加油站到商用航空公司的大型飞机维护站，亮红色镶银边的实耐宝工具箱是各处修理厂的标志。总部位于威斯康星州的实耐宝公司不太确定怎样讲述一个有关计算机产品的故事，而这些产品是该公司未来生存的关键。每个修理厂技师都对自己的手工工具怀有感情，但是对一台与车载电脑相连、用来发现问题并找出哪个部件需要修理的电子诊断仪器来说，将这种使用体验个性化就不那么容易了。在实耐宝公司认为是问题的地方，IDEO公司的设计团队却看到了讲述新故事的机会。

一旦确定了项目概要，IDEO设计团队就在帕罗阿尔托市距离 IDEO 公司总部几个街区外的地方租下了一家废弃的汽车修理厂。经过一周忙乱的工作，他们把这个地方变成了一个让客户不会很快忘记的时空叙事。在最终展示的那天，实耐宝公司的高管们沿街道前行至这家修理厂，在修理厂门口已经停了一支由法拉利、保时捷和宝马组成的车队，这些车都被漆成了实耐宝标志性的银、红两色。在备有红酒和奶酪的欢迎仪式后，实耐宝公司的高管们在修理厂主隔间里听取了情况介绍，然后他们被带进一间房间，在那里，能给人带来灵感的手工艺品被布置得像博物馆展品似的，他们最后进入的房间里放映着真正的机械师谈论实耐宝品牌的视频。当实耐宝公司的高管们被从临时搭建的放映室带进一间黑屋子时，故事达到了高潮。灯光渐渐亮起，他们发现自己被锃亮的新一代诊断设备模型所包围，这些设备是由普通计算机改造成的实耐宝风格扳手和工具箱的高技术版本。用来宣传基于新品牌策略的产品海报贴了满墙。当首席执行官和总裁把玩模型时，主持这个项目的营销副总裁站在一旁，泪水沿着她的两颊缓缓流下。虽然没必要总是让你的观众流泪，但是一个叙述得很好的好故事应当能够带来强有力的情感冲击。

故事本身就是重点

设计思维有助于新产品的问世，但是有些时候故事本身就是最终的产品——关键是引入进化生物学家理查德·道金斯（Richard Dawkins）[1] 所说的"文化基因"的概念。文化基因是一种自我延续的观念，它能够改变行为、看法或态度。在当今这个喧嚣的商业环境中，自上而下的权威已经受到了质疑，集中管理已经不再奏效，所以改革性的想法需要依靠自身力量

---

① 文化基因是理查德·道金斯提出的重要概念，想了解这一概念的来源，可阅读由湛庐文化策划、北京联合出版公司 2016 年出版的《道金斯传》的中文简体字版。——编者注

来传播。如果你的员工或顾客不了解你的目标，那他们就没办法帮助你达成目标。对于那些产品不容易被认可和理解的技术公司和其他企业来说更是如此。

芯片设计师是计算机行业的幕后关键，没有他们设计的芯片，什么设备都无法运行。但是不管贡献有多么重要，他们也很难将电脑主机中某个电路板上的一个微型芯片打造成一个品牌。而这恰恰是贴在许多个人电脑上的"内有英特尔"（Intel inside）这一小小标签的聪明之处。在竞争激烈的计算机行业中，摩尔法则使行业巨头变得谦卑，技术优势转瞬即逝，而英特尔公司却建立起了强大的全球品牌，即使顾客既看不到芯片也不能把芯片拿在手上，这一品牌对顾客来说也极具意义。

英特尔公司与"未来展望"

为了实现斯坦福大学从事组织行为研究的奇普·希思（Chip Heath）教授所说的"令人牢记的想法"，英特尔公司从黏性标签转向一种新方法，即用故事讲述来探索计算机行业的未来。在垄断了台式电脑芯片市场后，英特尔公司正推进向笔记本电脑芯片市场的转换。通常这类项目都是在英特尔开发者论坛（Intel Developer Forum）这样有影响力的行业活动中展示的。不过演示一件还没开发出来的产品会很困难，舒舒服服坐下来看一部关于这件产品的电影则容易多了。

大多数人已经实现在公文包或双肩背包中携带笔记本电脑到处走了，但英特尔公司想要展示的是，在使用超级移动电脑（例如新一代智能手机和我们总是随身携带的其他智能设备）的世界里生活会是什么样。一个与英特尔公司合作的设计团队采用复杂的电脑绘图技术制作了"未来展望"（Future Vision）系列电影场景，展示出在不久的将来人们如何把移动电脑技术整合到日常生活中去：一位慢跑者收到了 Wi-Fi 通知，他下午的会议提前到了上午 8 点 30 分；购物者在网上比较价格；朋友们实时协调他们在市内的活动。设计团队甚至把"未来展望"上传到了 YouTube 网站，已有超过 50 万人在这个网站上观看了这个视频。英特尔公司不必求助好莱坞才能制作"未来展望"。设计团队与优秀的摄制组协同工作，在几个星期的时间里就完成了整个项目，而花费只是制作一部普通广告短片的成本的一小部分。所以，即使是一个传播效果非常好的故事，也不一定需要耗费巨资制作。

传播你的信仰

假如要使某个想法经历从组织到市场的艰险旅程并存活下来，故事讲述可以担当另一个至关重要的角色：用一部分目标受众愿意购买的方式将产品价值传达给目标受众。

我们都熟悉伟大广告讲述有关新产品的故事并创造不朽传说的力量。20 世纪 70 年代，我还是个小孩子，在英国看过哈姆雷特雪茄（Hamlet）、丝鞭香烟（SilkCut）和吉百利公司（Cadbury）生产的土豆泥等产品的优秀电视广告。这些广告精妙、有趣而且很吸引人。在那个时代，广告润滑了消费经济的车轮，并与更乐观、较少怀疑的公众产生了共鸣。然而，在那时已经有迹象表明事情正在发生变化：我喜欢这些广告，但我从没学会吸烟，而且我还是讨厌吉百利土豆泥中混合的土豆粉的味道。

许多观察者已经在谈论传统广告方式有效性下降的问题了。一个简单的原因是，读、看或者听传统传播媒介的人减少了。但是还有其他原因使得 30 秒钟的时段不再是新想法的有效载体，当中包括斯沃斯莫尔学院（Swarthmore College）心理学家巴里·施瓦茨（Barry Schwartz）提出的"选择悖论"。多数人不想有更多选择，他们只要他们想要的东西。当面对选择不知所措时，人们倾向于采取那些被施瓦茨称为"尽善尽美者"所采用的行为模式——人们觉得如果再多等一段时间或者再到处看看，就有可能以最便宜的价格买到自己想要的东西，因为存在这种心理，他们就不会去购买该产品。而在"汽车"就是黑色福特T型车或者"电话公司"就是AT&T的年代，这不是个问题。另外一些人则是"满意者"，他们放弃了作为消费者的选择权，不管什么东西，只要凑合能用就行了。对营销部门来说，这两种情况都令人不满意，于是市场营销人员就被迫采用更加极端的手段来应对这一现实，但是结果却难以预料。我觉得我并不是唯一一个会这样的人：能想起某个广告，却不记得这个广告宣传的是哪个金融服务、哪种止疼片或哪次限时优惠。

从设计思考者的角度来看，要想让别人知道某个新想法，这个新想法就必须用令人信服的方式讲述一个有意义的故事。广告仍然有它的作用，但广告不应当是用信息去轰炸受众，而是要考虑如何将受众本人转变为故事的讲述者。任何一个对某种想法（或产品）有积极体验与感受的人，都能够说出它的基本特点，从而鼓励其他人亲自尝试。美国银行采用大量广告成功地推出了"零头转存"业务，但这项业务的推广主要建立在许多顾客已有的习惯之上，并通过将顾客变成这项业务的宣传者而发挥了作用。

有效的故事讲述、吸引受众、随时间的推移发挥作用的设计思维案例俯拾皆是。当MINI Cooper在美国推出时，宝马公司就充分运用了讲故事的力量来进行品牌宣传。

宝马公司与"让我们来开车"

普通的汽车广告中充斥着汽车快速驶过山间，或衣着光鲜的车主在豪华餐厅门前下车的画面，而富有创意的广告商克里斯平·波特与博古斯基（Crispin Porter + Bogusky）并没有依赖这些毫无创意的广告，而是利用迷你车小型、可爱和无拘无束的特点进行推广。在他们推出的"我们开车吧！"（Let's Mator!）营销活动中，小小的迷你车勇敢迎战庞大的美国竞争对手，这让人联想起了《圣经》中大卫和巨人歌利亚的故事①。迷你车的广告牌随处可见，而且它们巧妙的视觉双关语激发了人们自发地讲述迷你车和迷你车广告牌在城市中的位置。杂志折页中也有折叠式迷你车图片。在一次对美国汽车业的恶意调侃活动中，专业车手驾驶着车顶绑有迷你车的越野车在曼哈顿穿行！购车者在签订了标题为"烦人的财物合同"的购车合同后，会得到一个定制版的网站，可以通过这个网站追踪自己订购的迷你车的组装进度。所有这些巧妙的营销手段不仅执行得很好，还引发了人们的议论，而这也成了故事的一部分。

用竞赛调动集体智慧

在设计思考者的工具包里，没有什么方法比"设计竞赛"更有趣或更能出成果了。这一方法采取了有组织的竞赛形式，参与竞赛的各竞争团队需要解决同一个问题。通常某个团队会脱颖而出并拔得头筹，但是他们调动起来的集体的力量和智慧保证了每位参与者都是赢家。IDEO 公司受旧金山湾区一所顶级艺术学校的委托，帮助他们设计这所学校的未来。于是设计团队从不多的经费中拿出了大部分，雇用了该校设计专业的学生，让他们组成竞赛团队来寻找答案，而结果超出了所有人的预料。

发起"清凉商务"运动的日本博报堂广告公司旗下的创造团队，则尝试了设计竞赛的另一种变通方式。

---

① 记载在《圣经》里的故事，身材矮小的少年大卫（未来的以色列国王）与高大强悍的歌利亚对决，大卫用机弦抛出石子打败了哥利亚。——译者注

松下公司与电池动力飞机

松下公司的电池分部一直在设法推广研发的氢氧电池，这种电池比普通碱性电池电力更强且更持久，但却无法跟数不清的竞争者区分开来。博报堂广告公司的设计团队并没有采用普通的广告策略来宣传氢氧电池技术，而是提出了一个简单的问题："人能够仅仅依靠家用电池的电力飞起来吗？"

来自东京工业大学的一群工程系学生用 4 个月的时间设计并建造了一架电池动力的导航飞机。一档电视节目追踪了他们的进展，一个网站激起了公众的好奇心并为这支团队寻求支持。2006年 6 月 16 日早上 6 点 45 分，300 名记者来到试飞现场，观看这架由 160 个 5 号氢氧电池提供动力的飞机从临时搭建的跑道上起飞并飞行了差不多 400 米的距离。日本所有的新闻频道都报道了这次飞行，这条新闻还出现在 BBC 和《时代周刊》等国际新闻媒体上。据松下公司估计，这一活动所产生的媒体报道价值至少有 400 万美元，而氢氧电池的品牌认可度则飙升了 30%。博报堂广告公司和松下公司用一个简单的设计竞赛战胜了所有的广告式推广。这架飞机甚至被收藏进日本国家科学博物馆里——这一荣誉连劲量公司（Energizer）的电动兔子[①]都享受不到！

在实现首次电池动力载人飞行之前的 10 年，宇宙飞行推进者彼得·戴曼迪斯（Peter Diamandis）博士[②]利用引人注目的设计竞赛激发了公众的想象力，并促进了大范围的技术创新。根据 1996 年公布的首届安萨

---

① 这是劲量公司电池广告中一只打鼓的电动兔子，该形象已成为该公司及其电池的标志。——译者注

② 彼德·戴曼迪斯博士是全球商业太空探索领域的领军人物，创立了十几家商业太空探索公司，曾陪伴史蒂芬·霍金体验了 8 次"零重力"抛物线飞行。如果想要更多地了解他，可阅读由湛庐文化策划、浙江人民出版社 2015 年出版的《创业无畏》和 2016 年出版的《富足（经典版）》的中文简体字版。——编者注

里 X 大奖赛（Ansari X Prize）规则，一支民间团队必须建造并发射一艘能乘坐三人、飞离地球表面 100 公里的太空飞船，并在两周时间内再次成功发射。这项竞赛获得了巨大的成功。来自 7 个国家的 26 支团队花费了超过 1 亿美元的资金，直到 2004 年 10 月 4 日，伯特·鲁坦（Burt Rutan）[①] 的缩比复合材料公司（Scaled Composites）组建的"太空飞船一号"（SpaceShipOne）团队赢得了大奖。从那以后，由于 X 大奖赛的推动，企业家已经投入了超过 1.5 亿美元支持私营航天工业。X 大奖基金会已经将"通过竞赛实现变革"项目扩展到了超级高效汽车、基因组学和登月机器人等领域。许多其他组织也开始纷纷效仿戴曼迪斯的做法。

设计竞赛不仅是激发竞争力的好办法，还创造出了有关某个想法的故事，从而将公众从被动的观望者转变成了积极的参与者。当一群冒险者参与竞争并试图创造奇迹时，人们愿意追踪他们的进展。真人秀节目已经在利用人们的这种愿望了，虽然效果尚无定论，但是 X 大奖基金会这样的组织已经展示出如何调动人们的这种愿望来实现技术梦想，并达到意义深远的人道主义目标。

从追求数字到服务大众

在利用时间元素来推进设计思维综合方案的大型推广活动中，有效的故事讲述作为其组成部分，依赖于两个关键时刻：开始和结束。在开始端，要尽早采用故事讲述，并将故事讲述融入创新努力的每个方面。项目完成时，设计团队通常会进行详细记录。在越来越多的情况下，从项目开始的第一天起，记录者就被纳入设计团队中，以便实时推进故事的形成。在结束端，当一个故事被目标受众接受，它就会获得足够的关注。这时目

[①] 美国航天工程师，以设计轻巧、坚固、外观奇特、节能型飞机而闻名。他设计的"航行者"飞机可以进行不间断环球飞行。——译者注

标受众会将这个故事延续下去，即便设计团队可能早已解散转而进行其他项目了。

美国红十字会与分享献血故事

在美国红十字会为弱势群体提供援助的诸多方式中，最重要的一个就是大规模无偿献血。这个由志愿者运转的组织前往学校和各类工作场所，并在这些地方设立一天的献血门诊。然而近些年来，这些献血基地的数量正在逐渐减少，于是红十字会决定采用设计思维将美国献血者人数从总人口的 3% 提升到 4%。这意味着将问题的焦点从百分点转向以人为本：是什么样的感情因素促使或阻碍人们去献血？如何改进献血者的体验，以使更多的人愿意献血？

IDEO 公司和红十字会共同探索各种各样的措施，使临时献血门诊对献血者来说更舒适，且对全是志愿者的工作人员来说更容易搭建和拆卸。许许多多的想法由此而产生，例如两两叠放即可作为家具的储物装置和活动推车系统，但是一个细节却展现出了以人为中心的新定位：设计团队在反复的实地观察中注意到，许多人对献血有着强烈的个人动机，比如，纪念去世的家人，或代表因接受献血而得以挽救生命的好朋友来献血。他们讲述的故事都很有感染力，通常也是这些献血者一次又一次来献血的原因，这些故事甚至感动了他们的朋友和同事也前来献血。

设计团队得出了结论：比起更好看的标志牌和更舒服的座椅，让人们分享他们的故事并以此增强献血的情感动因更为重要。再次来献血的人或许觉得自己的个人体验与某种超越个人的伟大事业相关联。首次献血者也许会了解这一利他行为背后的一系列动力。在新设计出的献血体验中，工作人员会在献血者登记时发给每人一张卡片，要他们写下一个简短的故事来说明他们想要献血的原因。那些愿意拍照的献血者，可以将自己的照片粘到卡片上，然后将卡片贴到等候区的布告栏中。每个献血者都有各自不同的原因，但他们都由一个共同的承诺联结在一起。还有什么比讲个故事并与他人分享这个故事更简单呢？

这一设想在北卡罗来纳州的实验中取得了不错的效果，在此基础上，美国红十字会正准备在明尼苏达州和康涅狄格州进行全面的试点项目。

30 秒过后怎么办

当今时代，商品、服务和信息过剩是传统广告功效衰退的一个原因；我们自身变得更复杂和更成熟则是第二个原因。我们接触到的信息远比我们的父辈所能想象的多得多，因此我们的判断变得更复杂，选择也更有眼光。只要看看那些给我们童年时代的广告带来活力，但是已严重过时的叮当响的东西和滑稽动作，就知道我们已经离传统的广告时代有多远了。现在用 30 秒的广告卖掉一盒洗衣粉都不太可能，更不用说要在这么短的时间内传达诸如全球变暖这样的紧迫信息会有多难了。

因此，设计思维者需要把故事讲述作为一种工具——不是采用规整的开头、中间和结尾的形式，而是采取一种持续而开放的方式，鼓励人们参与其中，推进故事的发展，并得出自己的结论。这正是阿尔·戈尔（Al Gore）创造的具有说服力的故事的成功之处，而且他在自己制作的奥斯卡获奖纪录片《难以忽视的真相》（*An Inconvenient Truth*）中也讲述了这个故事。在影片结尾，这位自称"曾经是美国下一届总统"的诺贝尔奖和奥斯卡奖获得者向观众展示了全球变暖的证据，并鼓励观众亲自找出类似的证据。

"设计"不再是项目交付给市场推广部门之前，设计师所做的与项目分离的风格点缀。在世界各地的企业和组织中逐渐成形的这种新型设计方法，将设计向前推进到了产品概念的最早阶段，并向后推进到了产品完成的最后阶段和完成之后的阶段。允许顾客自己去完成产品故事的最后一章，只是设计思维运作的又一个实例。

在前文的每一章中，我试图寻找并说明来源于设计行业的种种方法与技巧，包括实地观察、模型制作和视觉故事讲述，这些方法都处在以人为本的设计过程的核心。在探讨的过程中，我提出了两个论点。第一个论点：现在是将设计思维的技巧向外推进到组织中的所有部门，并向上推进到最高领导层的时候了。每个人都可以运用设计思维。包括位于"首席"管理层成员（如首席执行官、首席财务官、首席技术官、首席运营官）在内的每个人，没有理由掌握不了这些技巧。

我将在本书第二部分对第二个论点进行更为清晰的阐述：当设计思维逐渐走出设计师的工作室，进入公司、服务行业和公共领域中时，它就可以帮助我们应对更大范围内的问题。设计有助于改进我们目前的生活，设计思维则有助于我们绘制通往未来之路。

让IDEO
告诉你
CHANGE
BY DESIGN

- 在设计思维这种本质上以人为本来解决问题的方法中，人类讲故事的能力起着非常重要的作用。
- 很多好想法之所以消亡，不是因为市场不接受这些想法，而是提出这些想法的人没有探查清楚所在组织内部难以捉摸的情况。
- 任何一个好故事的实质，都是用具有说服力的关键记叙来说明某个想法是如何满足某种特定需求的。
- 即使是传播效果非常好的有效故事讲述，也不必耗费巨资。

- 从设计思考者的角度来看，要想让别人知道某个新想法，这个新想法就必须用令人信服的方式讲述一个有意义的故事。
- 当设计思维逐渐走出设计师的工作室，进入公司、服务行业和公共领域中时，它就可以帮助我们应对更大范围内的问题。

CHANGE BY DESIGN

Change by Design
How design thinking
transforms organizations
and inspires innovation

第二部分
设计思维的未来

最出色的设计思考者总是被最艰巨的难题所吸引，不管这些难题是为罗马帝国运送淡水、建造佛罗伦萨大教堂的穹顶、负责运行一条穿越英格兰中部地区的铁路线，还是设计第一台膝上电脑。对如今的设计师来说，走向前沿处最可能取得前人所没有取得的成就……

CHANGE BY DESIGN

How design
thinking
transforms
organizations
and
inspires
innovation

第 7 章

把设计运用到组织中，
授人以渔

20 世纪 90 年代初，诺基亚始终是全球最成功的手机制造商，从慕尼黑到孟买，从蒙特利尔到墨西哥城，它的产品占领了大部分市场。诺基亚如今早已失去了往日的辉煌，取而代之的是苹果、三星和华为，但是我们还是能从中吸取一些经验和教训。诺基亚在 1865 年创立时只是一家制浆造纸厂，经过一系列投资，它的业务从造纸转向了生产橡胶、电缆、电子器件，最终转向了生产手机。诺基亚完美地融合了技术实力、组织创新和一流的工业设计，在行业中一马当先。

　　可惜好景不长，互联网的出现改变了游戏规则：发达国家的消费者把关注点从设备转向了服务，在新兴经济体中，很多人都是第一次接触互联网，他们用的设备不是电脑，而是一部廉价的手机。诺基亚发现了这一趋势，并且于 2006 年开始探索取代硬件导向的新策略：公司派出了许多技术人员、人类学家和设计师去全球各地了解消费者如何沟通和娱乐，如何分享信息。调研人员根据实际调研结果以及对未来场景的推测，向诺基亚的管理层提交了一份报告，其中指出了如何在一个综合平台上整合这些新的行为方式，形成无缝衔接的体验。

诺基亚开始从硬件制造商转变为服务提供商，用硅谷的行话来说就是"转型"。但收效甚微，为时已晚。世界在不断变化，竞争无处不在，2014年，诺基亚把手机业务出售给了微软。

从诺基亚的案例中我们能得到一个教训：过度依赖一种技术极其危险，哪怕是不可或缺的技术。全球领先的公司没有局限于其核心产品之上，它们正在学习了解人们最基本的需要：人们是需要一部外观漂亮的翻盖电话，还是需要整体互联互通？是需要一辆时髦的新车，还是需要移动？是需要昂贵的医疗程序，还是身体健康？是需要国内生产总值，还是需要已经载入不丹宪法里的"国民幸福总值"？

诺基亚对核心业务的思考并非凭空而来——尽管有时会感到痛苦、混乱、不平衡。相反，这是有历史根源的。第二次世界大战结束以后，人们对技术扮演的角色进行了彻底的评估，这种思考方式就延续了下来。

设计思维：一种系统化的创新方法

1940 年，在不列颠战役最黑暗的日子里，著名电影导演汉弗莱·詹宁斯（Humphrey Jennings）拍摄了一部振奋人心的新闻纪录片《伦敦坚持得住》（*London Can Take It!*），极大鼓舞了英国人民的士气。6 年后，第二次世界大战结束。当大不列颠备受重创的经济艰难恢复之时，为鼓舞国人士气，英国工业设计委员会举办了一场名为《不列颠做得到》（*Britain Can Make It!*）的展览。这场包罗万象的展览在维多利亚及阿尔伯特博物馆举办，占地 8 300 平方米，预示了发达国家将如何充分利用战时的所有技术突破，重振消费需求。这些技术突破涵盖了从电子产品到人体工程学的很多领域。

战时的紧急状况带来了前所未有的大量政府投资。战后，私营机构便承担起主要投资者的重任。从农业到汽车制造业，从纺织业到通信业，每个行业的研发实验室都迅速发展起来，这些实验室的研究人员都毕业于美国、欧洲和日本等地的理工学府。一些大型展览，例如 1951 年举办的不列颠节博览会及随后举办的一系列世界博览会，重申了这样一种信念：科学能够解决所有问题，技术可以转化为商品以满足所有需求。

企业研发实验室稳步发展，成为第二次世界大战后几十年间商业领域的一个突出特征。1958 年，美国的研发实验室仅有 2.5 万名成员，而今天已发展到超过 100 万人的规模。集中在特定地域的技术创新中心开始在各地涌现：美国马萨诸塞州 128 号公路沿线地区、英国剑桥、东京郊区以及美国硅谷。最早见效的是消费品制造部门。接下来，计算机与通信设备、软件应用和互联网等领域相继崛起，它们一个接一个地成为推进经济增长的主力军。研发已经成为在竞争中通往成功的必由之路。

然而，如诺基亚的案例所示，大型企业逐渐发现，在今天的市场上，仅靠技术实力已经不能像往日那样所向披靡了。一些大型研发实验室，包括施乐公司的 PARC 研究中心和贝尔实验室，要么销声匿迹，要么失去了往日的优势地位。很多公司已经将研究项目的重心从长期基础研究转向了短期应用创新。

这并不是什么坏事。与大型成功企业相比，小型技术驱动型企业和具有创新思维的初创企业通常更有优势。正如"需求性－可行性－延续性"三原则所阐释的，公司要从技术可行性角度进行创新，就必须调整其他因素以应对任何新的发现。新公司在初创阶段，也许无法确定自己最终的商业模式，在这种情况下，灵活性和可适应性才是核心竞争优势所在。谷歌公司在运营一段时间后，才发现了将搜索与广告联系起来所具有的威力。恰恰是初出茅庐的苹果电脑公司，而不是如日中天的施乐公司，成功地将施乐公司在计算机界面方面的研究成果，以 Mac 桌面图标和鼠标的形式推向了市场。

大公司更适合在已站稳脚跟的市场内寻找突破点，在这些领域内，技术优势并非成功的保障。对这些公司而言，更明智的做法也许是，从以顾客为中心的角度出发推进创新，使公司得以利用已有资源，比如庞大的顾客群、被认可的知名品牌、经验丰富的客服和支持体系、广泛分布的分销商和完善的供应链等。这种以人为本、基于顾客需求的方式，正是适合设计思维生长的土壤。这种方式曾经帮助宝洁、耐克、康尼格拉（ConAgra）等各领域的知名公司，避免过分依赖技术或在重大项目上冒险。

用设计思维管理创新组合

IDEO 公司不乏特立独行的人士，其中迭戈·罗德里格斯（Diego Rodriguez）和瑞安·雅各比（Ryan Jacoby）格外出众。他们和多数同事一样，都具有雄厚的设计实力，但不同之处在于，两人拥有工商管理硕士文凭。长期以来，我们不雇用商学院毕业生，并不是因为他们不够聪明，或是在出席头脑风暴会议时西装革履，而是因为我们认为这些商学院毕业生很难适应设计思维所要求的基于整合的发散式思维方式。而现在我们必须重新审视这种想法了。

首先，现在许多大学的工商管理课程都包括创新理论和实践，而且设计师关注的问题也吸引着越来越多的商学院毕业生。在斯坦福大学的哈索·普莱特纳设计学院、加州大学伯克利分校的哈斯商学院和多伦多大学的罗特曼管理学院，学生都可以直接参与设计项目。另外，位于旧金山的加州艺术学院认真奉行著名管理学家汤姆·彼得斯（Tom Peters）广为流传的理念："艺术硕士即新型的工商管理硕士"，在传统的绘画、版画和摄影专业外，他们还设置了设计战略方向的工商管理硕士专业。商学院提供的新型专业训练培养出了相当数量的毕业生，他们已经具备了从事非传统的设计思维实践的能力。

其次，商业思维已经成为设计思维不可或缺的一部分。设计方案必须借助那些从商业领域中逐步演化而来的复杂分析工具，例如探索式规划、期货与证券投资理论、前景理论、顾客终身价值等。无情的商业世界能够促使设计团队以认真负责的态度考虑各种约束条件，甚至可以帮助设计师在项目进行过程中测试这些约束条件。例如，在为电子银行制作模型时，交互设计师可能会注意到，作为预期收入来源的广告会损害用户体验的品质。为了解决这个问题，团队中的商业导向设计师会评估可以替代广告获得收入的其他方式，例如收取订阅费或推介费等。这种协作过程，可以让每个人都能以一种创造性的方式对创新公式中的"延续性"因素进行评估，而不是仅仅在事后做市场分析。

罗德里格斯和雅各比在参与手头已有项目的同时，还运用自己的商业才能，思考企业应该如何管理建立在设计基础上的创新组合。他们以各自的案例研究为基础，开发出了一套名为"增长途径"（Ways to Grow）矩阵的工具，可以评估公司内部的创新投入。如果将创新投入绘制成图，图中纵轴代表从现有产品到新产品，横轴代表现有用户到新用户，可以直观地看出公司创新投入的平衡情况（见图 7-1）。

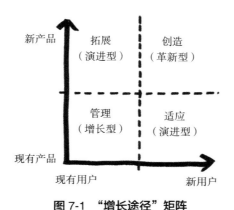

图 7-1 "增长途径"矩阵

图 7-1 中位于左下区块的项目，即靠近现有产品和现有用户的项目，

本质上是增加产值的。这些项目很重要，而且实际上企业很可能会将主要精力投入到这类创新项目中去，其中包括拓展成功品牌的市场，或对现有产品进行更新换代。每家超市的货架上都摆放着数不清的增长型创新的实例：几十种口味的牙膏中每一种都是增长型创新的产物，并可能因此给制造商带来销量的增长。在汽车制造业中，由于模具的成本可能是个天文数字，企业会将绝大部分精力投入到增长型创新中，包括改进现有车型或拓展现有车系中的产品种类。世界范围内的汽车制造商都在 2008 年的经济危机中蒙受损失，然而以"底特律三巨头"[①]为代表的只注重增长型创新的汽车制造商发现自己麻烦最大。

除了继续保有增长型项目以稳固公司根基外，开发能够拓展公司根基的革新型项目同样至关重要。这个更具风险的目标可以通过两条途径来实现：

1. 拓展现有产品以满足现有顾客还未满足的需求；
2. 改造现有产品以满足新顾客或新市场的需求。

设计背后的故事 CHANGE BY DESIGN

丰田公司与普锐斯车型

丰田混合型动力车普锐斯就是革新型创新的实例。利用精巧的工艺和出色的设计，丰田公司满足了个人交通工具对节能日渐增长的新需求，而与此同时，美国的汽车制造商却仍然沿袭老思维，力图把越野车做得越来越大。在美国燃油价格一路攀升之际，普锐斯适时满足了顾客对汽车低油耗的要求。然而，真正的创新不仅仅是混合动力发动机本身，还包括能为驾驶者提供实时节油信息的彩色大屏幕显示屏，提醒驾驶者随时提高行驶时的燃油效率。在应对 2008 年经济危机的过程中，丰田公司处于有利

[①] 指美国通用、福特和克莱斯勒这三大汽车集团。——译者注

地位，这是因为它不仅保有增长型创新项目，还在革新型创新项目中投入了大量资金。

在"增长途径"矩阵中，沿用户坐标轴的革新型创新可能包括改造现有产品，使生产成本下降并拓宽销路。印度塔塔汽车公司（Tata Motor）引起热议的微型 Nano 车，正是基于这种理念开发出来的。

塔塔汽车公司与 Nano 车

Nano 车并不是一款新车，也不是一款原创车。欧洲早在 20 世纪 50 年代就已经推出了微型汽车。但是，梅赛德斯公司出产的价值 12 000 美元的 Smart，还是超出了印度市场的购买能力。为了适应印度市场的需求，塔塔公司制造的 Nano 车配备了消费者需要的大部分功能，但价格却大幅降低。比起以前生产的发动机，Nano 车的两缸发动机体积更小，重量更轻，因此生产成本也更低。这款车的电子发动机控制系统使得燃油效率达到每加仑 87 公里，而且比起目前行驶在印度拥挤道路上的上百万辆横冲直撞的两轮摩托车，Nano 车的尾气排放量会更低。预定售价仅为 2 000 美元的 Nano 车，就是要挤入汽车制造商曾经根本无法涉足的市场。

最具挑战、风险也最大的创新类型，是为新用户提供全新产品。革新型创新会开拓出全新的市场，而这种情况鲜有发生。索尼公司通过推出"随身听"取得了这一功绩，而 20 年后苹果公司通过推出性能出众的新一代"随身听"iPod 也做到了这一点。在这两个案例中，核心技术都不是新的，但这两家公司却成功创造了一种全新的音乐体验，从而开创了一个全新的市场。相反，赛格威（Segway）代步车却是一个典型的失败案例。

赛格威与智能代步车

自诩为"系列发明家"的迪恩·卡门（Dean Kamen）发现，在走路嫌太远，而路途又没有远到值得开车的情况下，人们对城市交通方式有了一种新的需求。卡门采用复杂的回转仪技术，发明了一款智能双轮车，这款车搭载乘车人在市内或社区的人行道上行进时可以自动保持平衡。

乍看之下，赛格威代步车似乎是个变革性创新的经典案例。它提供了一种全新的解决方案，而很多人并不知道自己有这种问题。然而，赛格威代步车并没有获得推广者所预言的巨大成功，相反，结果很令人失望。

由于赛格威代步车的售价高达 4 000 美元，所以人们很容易将其失败原因归结为价格过高。而我却认为，问题出在发明者不了解人们如果将赛格威代步车引入自己的生活后会发生些什么，赛格威对此缺乏以人为本的深层分析。看着一位勇敢的早期使用者费力地拖着赛格威代步车走上她所住公寓大楼的台阶，看到一群已经够难为情的游客站在赛格威代步车上快速地驶过埃菲尔铁塔，看到一位邮差因为赛格威代步车的锂电池续航时间不够长而无法走完某个邮件投递路线，就足以让人认识到，发明并不等同于创新。假如在推出赛格威代步车前，一个跨领域设计团队深入实地了解了城市生活的实际状况，进行了对比观察，创建了场景说明和故事板，召开了持续到深夜的头脑风暴会议，搭建了用烟斗通条做成的早期模型和真实使用者在生活中实际使用的后期模型，并且在确定采用某个想法前进行了发散式思考，那么我们现在可能都会驾驶赛格威代步车在城市里穿行了。

"增长途径"矩阵是设计思维的一个工具，企业可以用它来管理创新组合，并在不断变化的世界中保持竞争力。虽然一生只有一次的巨大成功十分令人向往，但这种情况却少之又少。尽管专注于容易做出商业预测的增长型项目很诱人，但这种短视的方式却无法应对被纳西姆·尼古拉斯·塔勒布（Nassim Nicholas Taleb）称为"黑天鹅"的各类不可预知的事件。改变游戏规则的事件随时可能发生，而且会彻底打乱精心制订的商业计划。

合成电子音乐颠覆了索尼公司的领导者地位，整个传统音乐出版业对互联网带来的破坏性冲击毫无准备；佳士得拍卖行与苏富比拍卖行静悄悄的拍卖大厅，无法与 eBay 热闹的网上竞拍场面相抗衡。虽然谁都能做事后诸葛亮，但 2008 年的金融危机证明，没有哪家公司可以"大到不会垮掉"，即便是最强大的组织也需要未雨绸缪，为可能的失败早做预案。下一只"黑天鹅"也许来自基因泰克公司的实验室、华尔街的摩天大楼或者阿富汗的托拉博拉山区。企业最好的防御，就是采用多元创新组合，把资金分散到创新矩阵的所有区块中去。

把创新精神的编码写到组织基因中去

目前多数公司所面临的双重挑战是：如何将设计师用来解决问题的创造性技巧纳入公司更大范围的战略性创新项目中去，以及如何让更多员工采用设计思维来考虑问题。设计师已经认识到，让医生和护士加盟设计项目团队是可行的，让超市售货员、仓库工人、办公室职员、专业运动员、营销高管、人力资源经理、卡车司机参与其中，就更不成问题了。因此，要求同一个组织中的营销高管和资深科研人员通力合作，超越各自的领域进行思考，不再是不切实际的想法。当今商业界一些最大胆的创新，正是来自那些运用设计思维增加创新成果并促进增长的公司。

当我跟首席执行官们交谈时，他们问得最多的问题就是："如何使我的公司更有创新性？"他们认识到，在当今这个瞬息万变的商业环境中，创新是竞争力的核心，但他们同样也意识到，将整个组织的运作围绕这个创新目标来进行会有多难。世楷公司首席执行官吉姆·哈克特（Jim Hackett）是为数不多的几位开明商界领袖之一，他知道，持续不断地推出创新型产品依赖于公司内部创新文化的滋养。设计新产品会让哈克特感到兴奋，但设计组织的挑战更会激起他的斗志。

像许多创新者一样，哈克特是在付出了沉重代价后才认识到这点的，那时商业新闻还没有将"创新"吹捧成一种新的信仰。没有路线图可以引导哈克特达成目标，也几乎没有标尺可以衡量他成功与否。然而，随着时间的推移，凭借领导团队的努力工作和哈克特本人勇于尝试的精神，世楷公司已经脱胎换骨，不再是1941年推出世界上首款防火纸篓的那个公司了。世楷公司过去是以技术和生产能力来推动新产品的开发，而现在的创新过程则以关注用户和顾客的需求为起点。世楷公司从以人为本的设计思维角度出发，不断向外拓展。

"职场未来"（Workplace Futures）是世楷公司的一个部门，担任公司内部智囊团的角色，研究的领域从高等教育到信息技术无所不包。"职场未来"的成员包括人类学者、工业设计师和商务战略专家，他们进行实地观察，深入了解世楷公司现有客户和潜在客户所面临的问题。他们制作场景说明来预测大学研究人员、IT工作者或酒店经理的未来需求；他们建造模型使解决方案更直观；他们讲述令人信服的故事来描述潜在的机会。这样，销售团队就能与顾客合作，共同解决问题，而不是简单地把最新产品推销给顾客。"职场未来"认为，医疗护理是一个特别重要的机遇。

世楷公司与医护子公司

世楷公司根据"职场未来"的预测，成立了一家发展迅速、名为"医护"（Nurture）的子公司，专门开展医疗环境方面的业务。医护公司团队参与了一系列项目：为位于密歇根州和怀俄明州的大都会健康医院（Metro Health Hospital）设计最新、最先进的全套设施；为纽约市希德尼·希尔曼医疗中心（Sidney Hillman Health Center）制作单人病房模型，这家旨在为缺乏医疗资源的民众提供医疗服务的非营利机构，坐落在纽约东村一座19世纪的建筑内。以前的项目概要可能要求设计"舒适的候诊室座椅"或"患者物品存放箱"。相比之下，医护公司设计思考者更可能会在项目概要中提出这样的问题："如何在公共空间中营造出私密区域？""如何让医院恢复室的设计同时照顾到患者、探访者和医护人员对空间的不同需求？"

通过将关注焦点从家具产品转向整个医疗护理环境，医护公司成为实施设计思维的一个典型案例。该公司采用的新方法，通常会以名为"深潜"（Deep Dive）的强化工作坊作为开端［轻量版工作坊则名为"浅浸"（Skinny Dips）］，产品设计师、室内装潢设计师、建筑师会与医生、护士、患者携手合作，共同发现问题，制作解决方案的模型，并评估其效果。这类亲身实践的研究创新项目通常从整个医疗护理领域的角度了解某个问题，但是医护公司还会从特定客户的立场出发进行设计。例如，医护公司为西密歇根癌症与血液学中心（Cancer and Hematology Centers of Western Michigan）在全美范围内开展了癌症医护环境的实地调查，并与该中心的建筑师共同建造了一个配备有必要设施的实用模型。位于亚特兰大市的埃默里大学医院（Emory University Hospital）在建造神经科重症监护室前，寻求医护公司的帮助，想要找出潜在的设计问题。在与计划建造的设施同样大小的模型中，设计团队进行了模拟使用，还邀请医院建筑师、临床医生和病人家属参加设计研讨会，以便对在重症监护室内增加家属空间的方式有更清晰的了解。

医护公司提供的产品包括接待柜台、等候区座椅、检验科照明设备、护士站储物柜等设施。不过，与传统设计方式不同的是，该公司认为自己更接近医护产业而不是家具制造业。医护公司开始于这样一个前提：外界环境在患者痊愈过程中，起着与处方药、手术器械和有经验的护理人员同样重要的作用。这个基于研究、由数据推动的方法已经带来了一系列产品创新：

- 在候诊室中利用座椅和可拆卸隔板围出可进行私密交流的区域；
- 护士站有更好的视线，方便管理工作流程，并能为临时会议提供空间；
- 病房中的储物空间能发挥最大作用，还利用分区照明满足了医务人员、探视者和患者的不同需求；
- 符合人体工程学原理的解决方案，可以满足放射科医生的需要，并提前为实验室研究人员不断变化的研究方法做好准备。

　　并不只有科学研究人员的工作是建立在事实之上，并由数据驱动的。医护公司与梅奥医学中心合作，设计实验来检验对临床医疗环境的领悟。医护公司设计并开展了一项随机对照研究，以比较两种不同的检查室设计方式对医患互动的影响，而且像其他严谨的研究团队一样，不管结果如何，都将研究成果发表出来。采用设计思维的人非常倚重想象力、洞察力和灵感，但是医护公司的设计人员同时也严格遵循严谨的科学程序。

　　世楷公司的设计师们不仅积极考虑如何设计出精巧的实物，还考虑工作场所的未来，以及如何为这些场所配备各种设施。虽然世楷公司（Steelcase, 直译为钢柜）这个名字清楚地表明了它是靠出售灰色金属文件柜起家的，但它同时也是该行业中首批致力于推动数字科技，并将数字科技作为存储、检索，特别是共享信息方法的公司之一。这的确是一种时代变革的征兆。事实上，哈克特在接受设计思维之初，最早浮现出的领悟就是，世楷公司的许多集团客户，正在从个人知识型工作体系向以团队为基础的协作体系转变。这一趋势带来了重大变革，使得世楷公司可以利用实体空间和家具系统，支持这一范围广泛的组织结构改革，然而这仅仅是个开端。

2000 年，似乎是为了庆祝数字千禧年的到来，世楷公司推出了第一款完全基于互联网的产品——"房间精灵"（RoomWizard）。这是一款小型联网显示屏，安装在会议室外，用来显示谁预订了会议室，以及要用多长时间。通过简单的触屏界面和客户企业内部网络，房间精灵可以让我在帕洛阿尔托预订我们公司在慕尼黑或上海分部的会议室，并允许设备经理用最有效的方式规划未来的空间使用需求。一家办公家具公司开始出售网络信息设备，这一定是个令人有些意外的变化，不过设施本来就是起辅助作用的，而这恰好是房间精灵的用途。哈克特还在继续出售椅子、办公桌和防火纸篓，但他目前的首要任务，是推销能提高工作场所效率并改进用户体验的解决方案。

授人以渔

早在 20 世纪 80 年代，IDEO 公司就与中国台湾电脑业巨头宏碁公司（Acer）进行了多次合作。在一个特别成功的项目结束时，一直在帮助我们处理与客户间较大文化差异的梁又照教授提出了一个极具挑战性的建议："客户要的虽然是鱼，但下次要教他们如何捕鱼。"换句话说，我们交付给客户的结果虽然很出色，但梁教授看到了一个机会，让我们与宏碁公司共同分享一下创造出如此出色成果的过程与方式。于是我们匆忙组建了一支来自设计界的教练团队，带上一大堆记号笔和便利贴，出发前往台北，在那里我们举办了首个创新设计工作坊。它后来成了 IDEO 公司的一个主要项目，我们称之为"IDEO U"。

当分支机构遍布世界各地的麦当劳和摩托罗拉建立内部"大学"

训练本公司员工时，我们却转向外部，开始采用以人为本、以设计为基础的创新方法去训练其他公司的员工，这些方法包括观察用户、举行头脑风暴会议、建造模型、讲述故事和创建场景说明。

然而，随着时间的推移，在世界各地举办了无数次工作坊后，我们意识到，把受过设计训练并具有创新意识的个体植入到大型组织中，并非最有效的方式。要让创新产生大规模的持久影响，就要把创新精神的编码写到公司的组织基因中去。

随着这个想法的逐渐形成，我们针对雀巢、宝洁和卡夫食品等公司的特定目标，开始举办更加精心设计的工作坊。尽管如此，如果不能在组织内部产生更广泛的变革，单独一次工作坊的作用仍然是有限的。假如宝洁公司董事长兼首席执行官雷富礼没有任命首席创新官，没有将设计经理的人数增加 5 倍，没有建立宝洁创新馆，没有创造出与外部世界结盟的战略——"联系＋发展"（Connect and Develop），没有将创新和设计提高到公司核心战略的地位，那么即便把世界上所有创新工作坊加在一起，也不可能使宝洁公司内部发生变革。

像宝洁、惠普和世楷这种制造产品并经营品牌的公司，在变革自身内部文化时已经走在了前面，这是因为这些公司本来就有设计师，甚至还有设计思考者。虽然说服管理层并让他们相信设计具有战略性价值是很困难的，但一旦他们被说服，就立刻有现成的人手可用。在服务型组织，甚至在某些制造型企业中，设计任务通常都是外包的，这些组织没有现成的设计人员，因此会面临更大的挑战。大型医疗服务机构凯撒永久医疗集团（Kaiser Permanente）就是一个典型案例。

凯撒永久医疗集团与新护士交接班程序

2003 年，凯撒永久医疗集团从患者及医护人员的角度出发，着手改进医疗体验的整体水平。IDEO 公司建议，无须再去招聘大批内部设计师，应当让现有的工作人员学习设计思维原理，并把设计思维应用到自己的日常工作中去。在几个月的时间里，我们为护士、医生以及管理人员举办了一系列工作坊，从而创建了一系列创新方案。其中一个项目是重新设计护士交接班程序，该项目团队成员包括一名有护理背景的策略专家、一名组织发展专家、一名技术专家、一名流程设计师和一名工会代表，他们在IDEO 公司设计师的辅助下进行工作。

在与 4 所凯撒医院的一线护理人员共同工作的过程中，核心团队找到了在护士交接班过程中存在的问题。按照惯例，交班护士要用 45 分钟时间向接班护士通报患者情况。交接班过程没有辅助信息系统，而且每个医院的程序都不尽相同：有采用书面记录的，也有采用面对面方式进行交流的。信息汇总的方式也千差万别：有胡乱使用便利贴的，也有将信息潦草地写在医院防护服上的。诸如在前一班护士值班期间患者康复进展如何、哪些家属在陪床、患者已经做完了哪些化验和治疗这些患者关心的信息，通常都丢掉了。设计团队了解到，许多患者觉得，在护士交接班期间他们的护理过程出现了一段空白。这些观察结束后，紧接着的是我们都已熟悉的设计过程：头脑风暴、制作模型、角色扮演和拍摄录像，这些都不是由专业设计师，而是由凯撒永久医疗集团自己的员工来完成的。

设计的结果是交接班方式的改变，现在，护士当着患者的面交接班，而不是在护士站里交接患者的情况。仅用一周时间建立起来的模型包括新的交接班程序和一个简易软件，通过这个软件，护士可以找出前一班次的记录，还可以在值班期间添加新记录。更重要的是，现在患者已经成为交接班过程的一部分，而且还可以为护士补充那些对他们来说很重要的细节。凯撒永久医疗集团评估了这一变化的影响，他们发现，从护士上班到与患者首次交流之间的平均时间缩短了一大半。这一创新之举还影响了护士对自己工作的感受。一位护士在问卷调查中写道："我提前了1个小时，而且我才上班45分钟。"另一位护士写道："我非常激动，因为这是我第一次在值班结束时就把所有事情都办妥了。"

新的护士交接班程序对患者和护士都产生了影响，但是距离有计划地改进凯撒医护体系的整体质量这一目标，还有很长的一段路要走。为了实现这一目标，由护士、开发专家和技术人员组成的核心团队，从开展自己的项目转而为集团其他部门提供咨询服务。集团设立了凯撒永久创新咨询服务部，继续执行着改善患者体验、构想凯撒"未来医院"设想，以及将创新与设计思维全面引入凯撒体系的使命。

只有采取系统化的方式，才能实现整个组织的转变。把护士和管理者（或者主管和职员，分行经理和银行出纳，等等）纳入神奇的设计思维世界中，就能释放出他们的激情、能量和创造力。不夸张地说，凯撒永久医疗集团已经得到了数十个创新想法，并做好准备将这些想法推广到整个凯撒医院体系中去。这种方式还可以在新的层面上鼓励人们积极参与，而这些参与者也许一直在跟整个体系作对，所以很难想象自己还可以在重新设计体系的过程中发挥作用。但是，如果没有持续的全情投入和全面的解决办法，设计思维带来的最初成效也会被复杂医护体系日常运转中经常出现的突发事件所抵消。

从注重日常运作的组织文化，转变为专注创新、由设计驱动的组织文化，就要包括行动、决策和态度。工作坊可以让人们接触到设计思维这种新方法。实验项目有助于在组织内部宣传设计思维的好处。领导层要重视革新性项目，并允许员工学习和进行尝试。组建跨领域团队，可以保证变革的努力得到广泛的支持。像宝洁公司创新馆这样的专门创新空间，为长期思考提供了资源，并确保创新的努力会不断持续下去。对影响效果进行定性和定量测量，有助于形成商业案例，并确保资源得到恰当的分配。明智的做法是设立奖励机制，鼓励各部门以新的方式进行合作，这样有才干的年轻人就会将创新看作通往成功之路，而不会认为创新是职业生涯中的冒险之举。

只有这些因素都协同起作用，创新系统才能顺利运转。每天面对真实世界的挑战，要做到这点并不容易。企业各部门关注的是需要马上解决的问题，因此说服这些部门参与整个企业范围内的创新项目会很困难。我们都知道，在瞬息万变的商业环境中坚持信念会有多难，因为短期的困难和问题似乎比长期目标更加紧迫。有太多的企业高管一听到坏消息就惊慌失措。创新并不像水龙头一样可以随意开关。突破性想法的萌芽期，几乎比最持久、最严重的经济衰退后的复苏所需要的时间还要长。在遭遇经济衰退时，那些中止创新、辞退员工、叫停项目的企业，只会削弱自身的创新能力。这些企业也许需要重新确定工作重点，用较少的资源来运转创新项目。但是，如果把创新项目统统砍掉，那么当市场复苏时，这些企业有可能会措手不及。

在经济衰退期孕育出的想法，也许会在经济好转时产生重大影响。1929 年 10 月的股市大崩盘后仅 4 个月，《财富》杂志就以每期 1 美元的高定价推向市场，虽然最初只有 3 万名订户，但是到了 1937 年，该杂志发行量已经达到 46 万册，净利润为 50 万美元。其他类似的例子还包括速溶咖啡、低价位航空公司和 iPod。安德鲁·瑞茨基（Andrew Razeghi）[①] 指出，在经济衰退时期比在繁荣时期更容易发现新需求，这是因为繁荣时期

---

① 任职于美国西北大学管理学院，讲授营销学，同时还为企业提供发展策略、创造力和创新方面的咨询。——译者注

涌现出的诸多好想法都是针对业已满足的需求的。这一结论表明，在经济衰退期，设计思维也许是企业可以采用的最有利的做法之一。

20世纪50年代，爱德华兹·戴明（W. Edwards Deming）开始为产品质量研究奠定坚实的基础。设计思维不太可能成为精确的科学，但是正如质量管理运动的演进一样，设计思维也有可能从一种"魔法"式的玄妙工具转变为可以系统运用的管理工具。这种成功转型的诀窍在于，在执行过程中不要让创造性过程失去活力，也就是要平衡好管理层对稳定性、效率和可预测性的合理要求，与设计思维者对自发性、偶然性和实验的需求之间的关系。正如多伦多大学罗特曼管理学院的罗杰·马丁教授提醒我们的，应当把整合作为目标：要在这两种相互冲突的力量之间寻找一种平衡，从而创造出比其中任何一种力量都强大有效的创新产品，尤其是要创造出全新的公司组织。

**让IDEO
告诉你
CHANGE
BY DESIGN**

- 要让创新产生大规模的持久影响，就要把创新精神的编码写到公司的组织基因中去。
- 设计思维不太可能成为精确的科学，但是它也有可能从一种"魔法"式的玄妙工具转变为可以系统运用的管理工具。
- 在经济衰退期孕育出的想法，也许会在经济好转时产生重大影响。

CHANGE BY DESIGN

How design
thinking
transforms
organizations
and
inspires
innovation

第 8 章

让设计服务于整个社会，
我们必须同舟共济

一个组织如果全面采用了以人为本的设计思维原则，实际上是在以明智的方式为自身谋利益。组织如果能够更好地了解顾客，就能更好地满足顾客的需求。这其实是长期盈利和持续发展最可靠的来源。在商业世界里，每个想法无论有多高尚，都必须经受生存底线的考验。

　　但这并不是单方面的事。企业正在采用更注重以人为本的方式，因为人们的期望在不断地变化。无论身为顾客还是客户、身为患者还是乘客，我们都不再满足于在工业经济链条的末端做一个被动的消费者。对一些人来说，这就带来了比"购买和支付"更有意义的追求。对另一些人来说，这就意味着企业要为其产品对购买者的身体、文化和环境所产生的影响负责。然而，最终的结果则是在产品销售商、服务提供商与购买者之间意义深远的互动方式的转变。

　　作为消费者，我们在提出各种各样的新需求，我们与品牌有着不同形式的联系，我们期望能够参与决定提供给我们什么样的产品，而且我们期望在购买商品后，仍能与制造商和销售商有着某种联系。为了满足这些不断增多的期望，企业必须把某些主控权让给市场，并与顾客进行双向对话。这一转变发生在 3 个不同的层面上，而这 3 个层面构成了本章的主体。

1. 因为消费者从对产品功能的期望转变为对更宽泛的令人满意的体验的期望，所以"产品"和"服务"之间的界线似乎不可避免地变模糊了；
2. 在从提供分离的产品和服务转向提供复杂体系的过程中，设计思维正被应用于新的领域；
3. 我们进入了一个不能再随意挥霍的时代，工业时代中的大规模生产与盲目消费已经不能再持续下去了。

这些趋势都指向不可回避的一点：需要运用设计思维规划一份参与式的社会契约。我们已经不可能再采用"买方市场"或"卖方市场"这样对立的术语来考虑问题了，现在只能同舟共济。

产品也是服务

从某种意义上说，每件产品都是一项服务。尽管产品给人的感觉只是被动的物品，与服务无关，但实际上顾客在购买前对品牌的了解，以及购买后对能够得到的维护、维修或升级等售后服务的期望，都是与产品相关的。同样，几乎没有哪项服务不包括有形的东西，不管这种有形的东西是载着乘客飞越大洲的航班座椅，还是将用户连接到庞大远程通信服务网络中的手机。产品与服务之间的界线已经模糊了。维珍航空公司、欧洲移动运营商奥林奇公司（Orange）和四季酒店等企业已经比它们的竞争者更早意识到了产品与服务的关系，从而拥有了一批忠实的顾客。

然而令人吃惊的是，服务行业进行创新的速度，远比那些制造办公家具、家用电子产品或运动服饰的公司慢得多。只有少数服务型公司建立起了强大的研发型企业文化。这些公司在商业运作中，极少采用那些在其他行业中已被证明非常成功的策略。

出现这个问题的原因在于，制造部门主要跟机器打交道，而服务部门主要跟人打交道。这种说法显然过于简单，但也有它的依据，虽然这种依据本身是相当复杂的。工业化的进程是由大规模的技术革新驱动的。只要翻翻狄更斯、左拉或劳伦斯的小说，就可以看到工业化进程是如何驱动人们前行的。企业依托自身卓越技术进行竞争，就会采用能够增强企业自身技术创新能力的运作方式。随着小型初创公司成长为像通用电气、西门子和克鲁普斯这样的工业巨头，它们建立起了研究实验室、设计工作室、大学附属机构和其他系统化的创新方式。戴维·诺布尔（David Noble）和托马斯·帕克·休斯（Thomas Parke Hughes）等历史学家研究了各种新型知识产权，包括专利、版权和使用许可协议是如何与这些新兴超级公司的发展紧密相连。甚至政府也承担起了保护作为国家竞争力的知识产权的任务。例如，英国在 19 世纪 50 年代，德国在 20 世纪初，日本在 20 世纪50 年代，中国在改革开放后，都致力于保护知识产权。

持续对一系列面向未来的技术创新进行投资，已经成为大型工业企业管理的一部分。托马斯·爱迪生作为这一方式的开拓者，于 1876 年建立了号称"发明工厂"的世界首个现代工业研究实验室，从此以后，研发部门就成了制造型企业的组成部分。尽管不像人称"门洛帕克①的魔法师"的爱迪生那么有野心（爱迪生的著名承诺是：每 10 天左右有一个小发明，每 6 个月有一个大发明），大部分制造型企业还是认为，只有现在对技术研发进行投资，企业才能持续生产出有竞争力的系列产品。

---

① 美国新泽西州东北部一个村庄，美国著名发明家爱迪生的实验室曾在 1876—1887 年设在此地。——译者注

对创新的投资持续增长且不断发展。目前，企业采取了各种各样的研发形式：

- 苹果公司没有设立大型研究机构，然而每年它都在设计与制造新产品上投入上亿美元；
- 宝洁公司进行了大量的研发工作，同时斥巨资进行以消费者为中心的创新和设计；
- 世界最大的汽车制造商丰田公司，以通过对工序创新进行投资来提高制造质量而闻名。

制造型企业非常依赖新想法的涌现，通常这些企业对创新的投入会带动股价的上涨。可是，为什么在服务行业中情况并非如此呢？

这种建立在对未来创新投资之上的文化，在服务型企业中难得一见。而在那些确实存在这种文化的服务型企业中，这类投资也只是集中于使服务成为可能的基础设施，而不是投资于服务本身。电信企业先是投资于铜线网络电话系统，然后又对移动通信技术进行了投资，但是它们却极少关注用户的体验。AT&T 公司建立的贝尔实验室是最著名的研发实验室之一，但是，甚至在其鼎盛时期，贝尔实验室的做法也更像是一个电话制造商，而不像一个电信服务提供商。

在个人电脑，特别是互联网出现前，那些从事大众化服务的行业，包括零售业、餐饮业、银行业、保险业、医疗业等，很少会考虑系统性创新。美国花旗银行于 1977 年在纽约市内各分支机构设立了联网的自动取款机，被评为最具创新性金融机构之一。这一重大服务创新，允许顾客按照自己的意愿办理银行业务。这是自投币机发明以来，首次有一台机器横在了我们和我们的金钱之间，但是很多人在使用自动取款机时都会遇到麻烦。自动取款机发明人的妻子埃莉诺·韦策尔（Eleanor Wetzel）就曾说过，她从未使用过自动取款机。

在电脑和互联网出现之前，几乎每项服务都依赖于服务提供者和服务接受者之间的直接互动。在人与人直接打交道的世界里，服务型企业的竞争力在于服务人员为顾客提供的服务有多好。这就转化成了一个简单的公式：提高服务质量，就意味着得配备更多的服务人员。豪华酒店的每一位顾客都有更多的行李搬运工、门房、保洁员和厨师为其提供服务。卓越的私营银行为大客户提供一对一服务，而不是让他们像其他人一样排队等候办理业务。只要顾客得到的服务质量是由服务人员的数量决定的，服务行业就几乎没有动机考虑那种能够重新改变市场份额的突破性服务创新。

当然也有例外。伊萨多·夏普（Isadore Sharp）就是认为大型酒店与出色服务并非互不相容，才创建了两者兼备的四季酒店；霍华德·舒尔茨（Howard Schultz）看到了氛围对喝咖啡的人来说与咖啡因同等重要，从而把星巴克咖啡店打造成了国际品牌；无论是销售唱片、婚纱还是机票，理查德·布兰森爵士（Sir Richard Branson）[1]都深知服务体验所处的中心地位。

到 20 世纪 90 年代末，许多企业都已经意识到，在消费者的体验环节中，技术终将被取代或者至少人的地位会极大地加强。像亚马逊、Zappos[2] 和奈飞这样的公司，在短短几年时间里就从前途未卜的初创公司，发展成了知名企业；而 eBay 则更领先一步，通过创造一种精巧的架构，让用户自己去做所有的事情，然后向用户收取这一技术架构的使用费；其他行业也意识到了这些新型网络所提供的巨大商机，戴尔电脑公司

---

[1] 英国著名企业维珍集团的首席执行官。该集团旗下包括航空、铁路、电信、能源、连锁零售店以及金融服务等各种行业。——译者注

[2] 一个专注于鞋类的电子商务公司，总部位于美国内华达州亨德森市，目前已成为美国最大的网络鞋店。——译者注

发现，自己不需要依赖老式的电器店来销售电脑，可以直接将电脑卖给顾客；沃尔玛公司利用电脑网络来管理庞大的供货商群体，以尽可能低的费用取得了前所未有的高效率。似乎一夜之间，服务型企业不仅仅依靠人，而是开始通过运用技术来相互竞争了。服务型企业的竞争力变得越来越依赖创新了。

　　与此同时，并不是所有的服务型企业，都发现了这个制造型企业好不容易才得到的教训：仅靠技术并不一定会带来更好的顾客体验。来自英国中部地区的我，有时会把电话应答系统中冗长的循环指令或众多令人眼花缭乱的电子商务网站看作威廉·布莱克（William Blake）①和奈飞描述的"黑暗地区的撒旦磨坊"的现代版本。在工业革命的首次阵痛中，这些邪恶磨坊激发了诗人的想象力。它们迫使人们必须服从难以捉摸的机器逻辑，让人们感到自己很愚笨，深受挫败，并且影响了人们的生活质量和工作效率。那些只是采用了创新技术，但没有通过创新来改善用户体验品质的服务型企业，注定要再接受一次工业时代的企业所得到的教训：曾经的创新并不是未来业绩的保证。奈飞公司就是理解这一教训的服务型企业。

奈飞公司与 DVD 投递

　　奈飞公司在成立之初，推出了一项突破性创新，通过互联网租赁 DVD 并通过邮局送货。此后，该公司集中精力打造核心业务，并确保有足够大的顾客群来支撑这一业务。奈飞公司早期的实验是渐增式的，集中在改进网站实用性以及调整不同的租借等级。接下来，奈飞公司开始寻找各类流行趋势，并为用户提供电影信息及排行榜数据。之后，奈飞公司开始测试如何将互联网变成在线电影播放平台，而不只是把它作为销售渠道，也许这是一

---

① 18 世纪末至 19 世纪初的英国诗人、画家，浪漫主义文学代表人物之一。——译者注

种不可避免的转变。开始时，用户需要下载电影，然后在个人电脑上观看，然而技术在不断发展。总部位于美国加利福尼亚州的若酷公司（Roku），制造出了一款机顶盒，可以下载电影并在普通电视机上播放。韩国家用电器巨头 LG 电子公司生产的蓝光影碟机，具有从奈飞网站下载影片的功能。随着所有这些技术的发展，奈飞公司已经将重点放在了设计用户体验上，而不是仅仅注重技术的进步。目前，仍有数千名邮差将上百万个装在红色信封中的 DVD 投递到用户信箱里，要完全摒弃这种邮局配送的方式，还有很长的路要走，可奈飞公司已经开始引导顾客走上一条平缓的转换之路，而没有使顾客受挫、疏远顾客或在转换过程中彻底失去他们。

就像产品越来越像服务一样，服务也越来越像体验。这个影响深远且不可避免的演变过程，基础就在于理解对基于设计的系统性创新进行投资的重要性，这种创新把员工和顾客紧密地联系在了一起。最终，在服务型企业中设立创新实验室，会像在制造型企业中设立研发机构一样顺理成章。

向蜜蜂学习"系统规模"

在 IDEO 公司，每个设计挑战都开始于"我们可以做什么"这个问题。在过于笼统和太过具体的目标之间探索时，我们会问："如何简化紧急心脏除颤器的操作界面？如何鼓励青少年吃健康零食？如何推动堪萨斯城历史悠久的爵士区的复兴？"而"如何改善人类的状况"则是个太大的问题，我们无从下手。"如何调整碟片驱动弹出装置中的张力"可能又是个太小的问题。

"如何改进机场的安检体验"是个大小合适的问题。自 2001 年 9 月 11 日以来，每个设计思考者一定已经上百次地考虑过机场安保问题——每当我赶紧脱下鞋放在安检传送带上，免得妨碍后面的乘客通行时；每当我与同行的印度旅伴忍受无礼对待，而他却假装没看到别人投来的鬼鬼祟祟的眼光时；每当看到一个健忘的老年人把一瓶洗发水交给充满歉意的机场安检人员时，我都会想到机场安保问题。作为一名设计师，我很难不去思考，在"9·11"事件后如何更好地满足乘客对安保的合理需求。当美国运输安全管理局向 IDEO 公司咨询同样的问题时，我身为公民兼设计师，对此感到非常兴奋。

设计背后的故事　CHANGE BY DESIGN

美国运输安全管理局与安检设计

与美国运输安全管理局的合作，是 IDEO 公司成立以来最具挑战性的任务之一。这项合作展示出，为了改进大规模系统的运作，如何让设计思维为所有参与者所掌握。

重新设计安检点的空间排布和客流量，无疑会给旅客更多时间做好安检准备，并为旅客提供更明确的现场信息，从而使旅行体验变得更轻松。然而，空间调整只是一个更大的系统性问题中有形的一面。关键的想法是到系统的上层去探究问题的源头，重新思考旅客和安检人员参与这一共同体验的方式。

美国运输安全管理局正试图将注意力从探查危险物品转向探查敌对意图。比如，一位女士手提包里锋利的指甲剪似乎没有什么威胁性，然而，正如一位运输安全管理局官员所展示并让我们的一位设计师感到惊愕的是，一个空饮料罐都可以成为一件致命武器。可是，单靠由美国政府发布的一系列自上而下的规章制度，并不能实现这一目标。为了实施新的安全策略，一种全面的新型设计策略看来必不可少。

对任何一个如此大规模的项目来说，其指导原则是保证所有参与者的目标是一致的。这就意味着，要认识到安保人员和旅客不是对手而是伙伴关系，安保人员的目标是发现可能的恐怖分子，旅客的目标则是尽量减少紧张情绪并尽快到达登机口，这二者是一致的。消除了普通旅客体验中的紧张情绪，就更容易发现那些可能会造成伤害的嫌疑人的反常行为（如果每个排队等候安检的人都很紧张焦虑，那么鞋里藏有炸弹的恐怖分子就很容易混在人群里不被发现）。这种基于共同目标的领悟，为我们进行设计提供了框架结构，我们想要推进的那些可以优化安检流程并改善环境的具体方案，只有在此框架结构中才有意义。

在此项目的观察阶段，我们看到了旅客在面对自己不明就里的安检程序与规定时，会变得焦虑、有攻击性而且不愿意配合。对于安检人员来说，面对旅客的焦虑与攻击，他们的反应就是退缩到设定好的安检员角色里，这种角色会让他们看起来咄咄逼人、冷淡而且没有同情心。其结果就是导致低效率和不愉快的恶性循环，这种恶性循环甚至可以严重到产生一种对抗气氛，使安检人员出现不必要的注意力分散，这实际上损害了安全旅行的共同目标。因而，设计师提出的"如何重新设置安检口"，就演变成了设计思考者提出的"如何能让位于X射线安检机两侧的安检人员和旅客彼此换位思考，体会对方的感受"。在这样一个以人为本的策略的实施过程中，实体设计方案就成为一种具体的战术手段。

这就引导我们采取两个平行方向的设计。一方面，我们设计出了由环境和信息这两种设计因素构成的方案，旨在使旅客顺利地从机场大厅到达最终的安检口，而且还在巴尔的摩华盛顿国际机场建立了一个实际运行的模型。实物布局和信息展示所采取的设计方式，会尽可能地讲清楚要求旅客做什么。如果旅客知道了他们需要做什么以及为什么这么做，就更有可能忍受那些看来也许毫无意义而且霸道的安检步骤。另一方面，我们也参与设计了一套面向运输安全管理局工作人员的培训计划，让他们能够以一种全新的方式投入到安检体系中去。这套培训方案鼓励将基于刻板程序的安检步骤，拓展为更灵活但却严格依赖评判性思维的方式。这套新的培训方案强调对行为、人和安全措施的理解，与此同时也注重培养安检人员对同事和旅客的信心。

关于复杂的非等级体系，已经有很多著述，这种体系的运作不是集中指令和控制的结果，而是一系列个体行为在重复上千次后带来的可预测结果。蚁穴和蜂巢就是很好的例子，但是当谈及人类群体时，就必须考虑到个人才智和自由意志这些额外的影响因素（这些通常是设计师、警察和中学老师所不喜欢的）。由此得出的推论就是，必须用不同的方式来思考。我们不是要建立起一套一次性设计、多次执行的等级制的固定流程，而是要想象一下，如何创造出高度灵活而且不断演进的系统。在此系统中，参与者的每一次交流都为换位思考、领悟、创新和实施创造了机会。每一次互动都是一次小机会，使得交流对所有参与者来说都更有价值且更有意义。

蜜蜂、蚂蚁和人类想要成功，就必须适应与发展。实现这一目标的一个办法，就是赋予个体对最终结果的某种程度的控制权。运输安全管理局的案例就是一个有力论据，证明了设计思考者将设计工具移交给那些最终负责实施的人的策略是正确的。

从"柜台内外"同时着手设计

即使没有应对过势力不均的战争和恐怖主义这样的极端挑战，一个人也能看到设计思考者换位思考的价值。

百思买公司与女性领导力论坛

2004年，百思买公司客户中心副总裁朱莉·吉尔伯特（Julie Gilbert）创建了女性领导力论坛（Women's Leadership Forum，简称 WOLF）。每个"WOLF 群"包括来自公司各部门的 25 名女性成员和 2 名男性成员，他们关注的是电子产品零售业所面临

设计背后的故事

的挑战。这个行业由男性创办，为男性提供商品，但实际上 45% 的购买行为是由女性完成的。有 2 万多名顾客和公司员工加入了 WOLF 论坛，此论坛的努力带来的结果是，女性求职者的比例增长了 37%，而女性雇员的流动率则降低了近 6%。在百思买公司转型为购物及工作的理想场所的过程中，女性作为这个在柜台内外都出现的角色，已经成了积极的参与者。创新计划包括拓宽过道使婴儿车可以顺利通过，降低货架高度使购物环境不再让人感到压抑，在模拟客厅中展示宽屏电视和环绕音响系统，让顾客能感受到这些电器如果摆放在自己家里会是什么效果。经过培训的销售人员不再一味地向顾客介绍那些深奥难懂的技术与性能指标，而是跟顾客讨论生活方式，以及这些技术可以为顾客做些什么。

丰田公司的全浸式培训项目，同样也是为了减小管理层与员工之间、顾客与公司员工之间的差异而设立的。实际上，丰田公司正在训练公司的管理者学会倾听，也在训练员工学会坦率表达自己的想法，而这对双方都有好处。管理咨询顾问史蒂夫·斯皮尔（Steve J. Spear）观察了丰田一名新来的车间主管在上任前几周直接在生产线上工作的情况。这位不会讲日语的美国主管，与一名不会讲英语的日本生产线工人共同工作了一周时间。通过观察、模型制作以及角色扮演这些共同"语言"，他们一起找到了超过 35 个生产问题的解决方案，其中包括将工人检查某个零件所需要行走的距离减少一半，利用人体工程学原理改进工具换用方式，以及在现场解决问题等。通过重新定位领导和员工的角色，丰田公司极大地推进了协作水平，而这在多数采用西方管理模式的工业企业中是不可想象的。斯皮尔总结出了 4 个原则，它们对于丰田公司成功推行全浸式培训来说至关重要：

1. 直接观察无可替代；

2. 应当总是用实验的方法来检验提出的改变方案；

3. 工人和主管要尽可能经常地进行实验；

4. 主管应当训练工人自己解决问题，而不是替他们去解决问题。

　　观察？模型制作？实验？组织一两次头脑风暴会，你就能相当准确地描述出一种新型企业文化，在这种文化中，设计思维走出了设计工作室，走进了董事会会议室和工厂车间。

　　如同丰田公司的案例，有时设计思维的原则是明确表达出来的。而在另外一些情况下，设计思维会采取一种更宽泛的方式，使得系统与参与者的目标一致。

维基百科与用户参与

　　2000 年 1 月，吉米·威尔士（Jimmy Wales）和拉里·桑格（Larry Sanger）创办了免费在线百科全书，内容由志愿者无偿提供。他们开始采取的是非常传统的方式：经过认证的专家提交文章，供同行评审。9 个月后，这个谨慎的筛选过程产生了 12 篇文章。

　　通过一次偶然的机会，这个团队听说了维基软件，这是大约 5 年前由电脑程序员沃德·坎宁安（Ward Cunningham）创建的一种合作型开源网站，任何人都可以修改网站内容而不需要经过网站管理员的许可。威尔士想出了一个点子：用这种新工具加快百科全书文章的写作进度。2001 年 1 月，维基百科正式上线，并邀请网站用户直接提交文章。不到一个月，就提交上来了 1 000 篇文章。到同年 9 月，文章数量已经达到约 1 万篇。到目前为止，维基百科已经是网络上规模最大的出版物，为几乎所有中学书面作业和现有商业书籍（包括本书）提供参考文献。通过将维基百科定位为非营利基金会而非商业机构，吉米·威尔士恪守了自己的核心原则：无偿投稿人对这项事业来说是至关重要的。维基百科的条目是由那些在乎网站内容的人，而不是收取报酬的专业人士撰写的，这就使得维基百科具有可信性，能够控制内容的质量，并保证内容的相关性。当体系中的参与者目标一致时，参与本身就是一种巨大的力量，维基百科就是一个实证。

拿维基百科、丰田公司和百思买公司的成功实践与我们在日常生活中遇到的一些支离破碎的体系进行比较，是有指导作用的。像更换驾照、与健康保险代理协商保险费、在选举中投票这样折腾人的事，说明太多的大规模体系并没有为人们提供一种尊重人、有效、参与式的体验。我们也许对美国政府机构效率低下的工作无能为力，却不应该原谅那些由我们花钱购买其产品与服务的企业如此明显地缺乏想象力。

每个拒绝将内容数字化的传媒公司，每一个迫使用户只能从单一来源获得服务的移动服务提供商，每家收取高额手续费的银行，都在给更敏捷、更富有想象力的竞争对手提供机会。已被谷歌公司收购的开源平台安卓就是颠覆性创新的一个绝佳案例，它取代了传统移动电话服务商。已经有很多软件开发者在开发安卓应用软件了，这远远超过了谷歌公司内部软件开发团队的能力。第一批使用安卓操作系统的手机刚一上市就供不应求。在巨头纷纷倒下的银行业中，像泽帕（Zopa）这样的网上互助借贷公司正尝试一种全新的借贷模式。泽帕公司采用个人对个人的直接方式，避开了银行，并帮助潜在的借贷双方找到一个"可达成协议的空间"。自2005 年创建以来，泽帕公司已经从总部伦敦扩展到美国、意大利和日本，而且违约率极低。

"参与"这种想法很吸引人，但还不够。不管人们感到的参与性有多强，也没人愿意使用一款设计拙劣的移动应用软件，或把工资存入一家不可靠的银行。这些新型体系必须能够提供高品质服务，至少要跟那些依赖自上而下管理方式的企业所提供的服务同样出色。安卓应用软件必须要像苹果软件一样有吸引力，而且让用户凭直觉就能使用，否则这些软件只能是技术怪才们的专有物。泽帕公司必须让顾客确信，他们的钱是安全的。这种信心并非来自网络管理员。开放、灵活的大规模体系要想实现其郑重承诺，开发者就要有勇气把体系开放给那些未来的用户。设计是要提供令人满意的体验。设计思维则是要创造出一种多极体验，让每个人都有机会参与。

企业、经济和地球的未来

上述这些主题和案例的共同之处，就是人的直接参与——不管这些人碰巧是顾客、客户、观众，还是网站浏览者。甚至在传统制造型企业里，这种从"产品"导向到"服务"导向的大范围转变，其关键都是要增加设计思考者的工具，才能应对像机场安保这么复杂的体系。这恰恰是开源、社交网和网络 2.0 的核心。

在研究了那些使旅客顺利穿过机场、将产品送上市场以及让信息穿过互联网虚拟世界的系统后，我们现在把注意力转向一个庞大的体系：被巴克敏斯特·福勒（Buckminster Fuller）① 称为"地球飞船"的脆弱、美丽、精妙地维持着平衡的生命支持系统。如果有一项任务总是需要将分析实践和整合实践、发散式思维和汇聚式思维、设计师对技术的掌握和对人类行为的领悟结合起来，那么这项任务就是保护我们居住的这个星球的健康。维持社会经济延续性和地球生物延续性之间的平衡，需要最具"整合性"的头脑。

---

① 20 世纪美国哲学家、建筑师及发明家。他有很多发明，主要集中在建筑设计方面，其中最著名的是球型屋顶。——译者注

我们协助设计出了更好的产品以满足人们的需求，并将人们所依赖的技术人性化，作为一名设计师，我对此感到很自豪。我们建造出更好的建筑物，可以让人们更舒适地生活和工作。我们开发出创新性媒体，能够为人们提供信息、供人们消遣，并让人们以想象不到的方式进行交流。但是，我们也有一个"潘多拉的盒子"，里面充满了意想不到的问题，它们也许已经对文化、经济和环境造成了持续性损害。

欧乐－B 公司与卡通儿童牙刷

设计背后的故事

几年前，IDEO 公司的一支优秀团队与欧乐－B 公司（Oral-B）合作，设计一款更好的儿童牙刷。设计团队在项目开始阶段进行了深入细致的研究，实地观察各种年龄的孩子如何刷牙。对孩子们来说，保持牙齿清洁是件费劲的事，原因之一就是，多数孩子不喜欢刷牙。刷牙会疼，不好玩，而且牙膏的味道怪怪的。另一个原因就是，年龄较小的孩子的手还不够灵活，握不住牙刷。多数儿童牙刷都是为成年人所设计的牙刷的缩小版（像 17 世纪荷兰艺术大师一样，20 世纪的工业设计师简单地把孩子看作缩小了的成年人）。为了解决这一问题，设计团队设计出了第一批带有软性注塑橡胶牙刷把的牙刷，而这也成了目前所有牙刷（包括儿童牙刷和成年人牙刷）的制造标准。设计团队还为欧乐－B 牙刷设计出鲜亮的颜色、突出的纹理，以及乌龟和恐龙样式的外形。这种新式牙刷一经推出，销量非常高。

欧乐－B 多了一款成功的产品，很多孩子拥有了更健康的牙齿，然而这仅仅是故事的"前半部分"。在这款牙刷推出后仅 6 个月，设计团队的首席设计师在墨西哥下加利福尼亚州一处僻静的海滩上散步时，注意到在浪花刚刚拍打过的地方有一个颜色鲜艳的蓝色物体。那不是一只海龟，而是一支根据人体工程学原理设计的、由牙医认可、在商业上非常成功的欧乐－B 牙刷——它被冲到了岸边。牙刷上附着的细小海生贝类藤壶，说明它在水里已经有一段时间了，除此之外，这支牙刷看起来跟刚被扔掉时没什么两样。故事在这里画上了句号。我们的一件特色产品，在墨西哥原本未受污染的海滩上找到了最终的"安息之所"。

设计师不能阻止人们按照自己的意愿去处置买来的商品，但是，设计师并不能以此为借口而忽视更大的生态系统。当我们满怀激情地去解决所面临的问题时，通常会忽视由此而产生的其他问题。设计师以及希望像设计师那样去思考的人，有可能做出重要的决定：社会使用哪些资源，以及这些资源最终去向何处。

设计思考者至少可以在 3 个重要领域中推动加拿大设计师布鲁斯·毛所说的"巨大变革"，而这正是当今社会所要求的。

1. 让我们自己明白关键问题是什么，以及看清我们所做选择的真正代价。
2. 从根本上对用来创造新事物的系统和过程进行重新评估。
3. 找到办法，鼓励人们采取更有利于环境的延续性行为。

自我警示

随着 1962 年蕾切尔·卡森（Rachel Carson）所著的《寂静的春天》（*Silent Spring*）的出版，环保主义进入了主流文化，但是又过了 40 年，公众才对这一危机有了更普遍的认识。这期间发生了两次石油危机，科学界达成了一次广泛的共识。一个主要的促进因素，是 2006 年发行的由阿尔·戈尔制作的纪录片《难以忽视的真相》，这表明影像具备推动根本变革的力量。与记者基于事实的调查、科学家依据数据所做的分析，以及社区政治激发的行动主义相结合，视觉艺术家的作品可以发挥至关重要的作用，帮助人们抽身离开危险的境地。

克里斯·乔丹（Chris Jordan）是一位美国艺术家，他运用规模的力量，让人们意识到了自己与各种各样社会问题的联系。他的系列作品《过剩之像》（*Picturing Excess*）中有这样一幅作品，用 200 万个（美国人每 5 分钟喝掉的瓶装水数量）塑料水瓶组成的 1.5 米 × 3 米的画。另一件作品用了 426 000 部（美国人每天淘汰的手机数）手机。他的作品所带来的视觉冲击，揭示了我们对地球有限资源的过度使用，而这种效果是文字无法表达的。

加拿大摄影师爱德华·伯汀斯基（Edward Burtynsky）周游世界，记录下了人类行为带来的美丽与丑恶。伯汀斯基拍摄的大幅照片展示了橘黄色的矿渣蜿蜒分布在加拿大安大略省镍矿区的地表，这种诡异之美以一种直观、感性的方式，展示了人类行为的规模会有多大。

爱德华·伯汀斯基拍摄的大幅外景照片和克里斯·乔丹构思并精心制作的看得见的数据，让我们感受到了规模的震撼力，但是设计思考者还展示出，有可能用更简单可行的方式来迎接延续性的挑战。奥雅纳工程咨询公司（Arup）全球前瞻与创新部主任克里斯·鲁埃克曼博士（Dr. Chris Luebkeman）发明了几套"变化推动力"（Drivers of Change）卡片。每一套卡片的主题都相互强化，关注的是一类主要的环境变化，包括气候、能源、城市化、废弃物、水、人口统计学。每张卡片从社会、技术、经济、环境、政治等不同角度，展示了某种变化推动力。通过图像、图表和一些精心挑选的事实真相，每张卡片清晰阐明了单一主题，看的人不需费力即可理解和掌握。其中一张卡片提出了问题："树木有多重要？"接着解释了过度砍伐森林带来的碳排放问题。另一张卡片提出了："我们能否实现低碳未来？"接着解释了国家经济发展对碳排放的影响。奥雅纳公司将"变化推动力"卡片用作研讨小组的工具，或者仅仅当作激发灵感的"本周想法"。通过像设计师那样去思考以及将领悟作为灵感之源，鲁埃克曼博士创造出了一件宝贵的工具，可以激励其他设计思考者寻找解决问题的办法。

改变我们的行为

潘丽雅公司（Pangea Organics，其中 pangea 的意思是"整个地球"）是一家生产全天然护肤产品的小公司，总部设在美国科罗拉多州博尔德市。在公司成立 4 年后，潘丽雅香皂、润肤露和洗发液只在有限的一些天然食品店中出售，公司人乔舒亚·欧尼斯科（Joshua Onysko）开始考虑，如何既能发展公司，又不损害公司所遵循的环境友好的核心价值。一名称职的设计师也许会提议，开展一次全国性宣传活动，完全采用引人注目的包装和更接近主流的口号。然而，由设计思考者组成的团队看到的却是一个更广泛的角度：公司不仅仅是在销售香皂，同时还要宣扬延续性、健康和负责任的理念。

考虑到潘丽雅公司对可行商业策略的需求，以及为了让顾客使用潘丽雅产品后觉得自己是个负责任的地球守护者，设计团队将注意力转向这样一个问题：在低成本和对环境影响最小的限制条件下，可行的方案是什么？结论是进行全面品牌再造，这样一来，顾客购买来的产品所经历的，不再是从工厂到垃圾填埋场，而是借用建筑师兼设计师威廉·麦克多诺（William McDonough）[①]的话，从"摇篮到摇篮"的历程。就像香蕉的"外包装"香蕉皮可以为小树提供养分一样，新型潘丽雅香皂可堆肥包装盒中嵌入了野花种子：把包装盒用水浸湿，然后扔到后院里，几天之后你会发现，后院变成了花园。

致力于推广仿生学概念的作家贾尼娜·本尤斯（Janine Benyus）发现工业时代是建立在"加热、锻造、处理"三原则之上的。我们必须摒弃这种强势的方式，改用其他侵扰性不那么强、不那么浪费的方式，这是非机

---

① 当代美国建筑师兼设计师，注重环保，致力于设计环境永续型建筑和改造工业生产流程。——译者注

械的、更具生物特点的创意。因此，提交给今天的设计思考者的项目概要则是，找到能够平衡需求性、延续性和可行性的新方式，而且要使资源能够被重复利用。

潘丽雅公司试图在小范围内所做的，是埃默里·洛文斯（Amory Lovins）希望能在整个汽车工业界得以实现的。洛文斯一开始并没有提出"如何设计一款更吸引人或更节能的汽车"这样的问题。他与落基山研究所（Rocky Mountain Institute, 简称 RMI）的同事们拟定了具有不同参量、更接近设计思维原则而非设计原则的问题："如何将燃油效率提高3—5倍，还能使性能、安全性和舒适度与目前的汽车相同或较之更好，而且人们还能买得起？"从这个以人为本的全系统项目概要出发，他们研发出了超级车（Hypercar），这款车采用了高级合成材料、低阻力设计、混合电动力和高效能配件。1994年，落基山研究所设立了超级车中心（Hypercar Center），通过搭建模型来检验各种想法。目前这个研究所已经成立了一家营利性公司——弗柏福奇公司（Fiberforge），该公司正在研发高级合成材料以支持建造超级车。通过逆向思维和超越人造产品，落基山研究所提出了一个设计问题，它与当今多数汽车公司所关注的问题截然不同。在过去，落基山研究所开展的理想主义活动带有乌托邦的色彩，但是目前汽车业不稳定的状况也许有助于这些边缘化的努力逐渐进入主流。

如果我们花些时间来检视一下产品生产和使用的整个循环——从提取用于制造产品的原材料，到产品使用寿命结束时对其进行处置，也许可以发现新的创新机会，在减少对环境影响的同时，还可以提升而不是降低我们预期的生活质量。通过从整个体系的角度来考虑问题，企业可以把握住更大的机会。但是我们不能就此停步。设计思考者还必须考虑到体系中的需求方。

以更少做出更多

越野车也许是我们这个时代标志性的产物。与其他产品相比，越野车更能体现企业满足顾客需求的本质。企业通常会提供超出顾客需求的产品，不管代价会有多大。这些危险、昂贵、低效、给生态带来灾难性影响的汽车如此受欢迎，表明了需求侧与供应侧必须同时发生改变。我们需要找到办法，鼓励人们把节约能源看作进行投资而非做出牺牲，就像许多人下决心戒烟、减肥或为退休而存款时所持的态度。

美国能源部与"转移焦点"项目

美国能源部能源效率与可再生能源办公室（Office of Energy Efficiency and Renewable Energy, 简称 EERE）的官员们运用设计思维扩大其成果。美国能源部习惯上会首先假定公众已经在关心能源效率，于是把资源投入到研发项目中，认为这些项目的成果——节能新技术，将会满足公众的这种需求。在一个代号为"转移焦点"（Shift Focus）的项目中，IDEO 公司提出了一种以人为本的新方式，它就是源于对这个假定的质疑。

IDEO 团队开展了一段深入细致的实地调研，在此调查中他们对莫比尔、达拉斯、菲尼克斯、波士顿、朱诺和底特律等城市的消费者进行了抽样调查，得出了一个不同寻常的结论：人们并不关心能源效率。这并不意味着公众是无知、浪费或不负责任的，它表明"能源效率"是一个抽象概念，最好能把它转化为一种手段，来实现人们真正关心的对象：舒适度、样式、所在社区。这一发现促使设计团队向美国能源部提出建议，将关注的焦点从找到工程解决方案以满足人们假定的需求，转向寻找办法，在实际的价值层面上和在生活中有意义的关键点上鼓励人们提高能源效率。以下设计方案是建立在这些研究发现基础之上的：时髦但热效能高的窗帘；销售展示区采用的节能照明设备；考虑到人们在购买新房或更新设施这种变动时刻更容易接受新信息的特点，在当时当地为他们提供相关信息和具有教育功能的工具。

我们正处在一个权力与力量均衡发生划时代变化的过程之中，因为经济正在从注重工业产品向关注服务和体验的方向转变。企业正在放弃控制权，渐渐地不再将顾客看作"终端用户"，而把他们看作双向过程的参与者。一种新型社会契约正在兴起。

然而，每份契约都有签约的双方。如果人们不希望被企业当作被动消费者来对待，就必须主动承担合理份额的义务。这就意味着，我们不能袖手旁观，不能等着公司营销部门、研发实验室，以及设计工作室为我们提供新选择。因此，结论很清楚：像凯撒永久医疗集团的护士、丰田的生产工人、百思买的 WOLF 群、运输安全管理局和能源部的公务员一样，公众也必须遵循设计思维的原则。

随着设计思考者群体的不断扩大，各种解决方案随之产生，来改进我们购买的产品和服务的性能。即使在当今社会所面临的最具挑战性的难题方面，设计思维都能给予我们指导。如果听之任之，"设计－制造－销售－消费"这个恶性循环就会把自己耗尽，地球这艘"飞船"的燃料就会用光。而若在每个层面上有了人们的积极参与，这个旅程也许能延续得更长久一些。

让IDEO
告诉你
CHANGE
BY DESIGN

● 组织如果能够更好地了解顾客，就能更好地满足顾客的需求。
● 曾经的创新并不是未来业绩的保证。
● 当体系中的参与者目标一致时，参与本身就是一种巨大的力量。

- 设计是要提供令人满意的体验。设计思维则是要创造出一种多极体验，让每个人都有机会参与。
- 设计师不能阻止人们按照自己的意愿去处置买来的商品，但设计师并不能以此为借口而忽视更大的生态系统。
- 企业渐渐地不再将顾客看作是"终端用户"，而把他们看作双向过程的参与者。新型社会契约正在兴起。

CHANGE BY DESIGN

How design
thinking
transforms
organizations
and
inspires
innovation

第 9 章

行动起来，到全球去

半个世纪前，雷蒙德·洛威曾夸耀自己靠设计烟盒上的图案，就使好彩香烟销量激增。而现在，几乎没有设计师会去碰这类设计项目。设计思维的兴起与文化的变迁很相似，今天让优秀的设计思维者兴奋的，是需要运用技能去解决重要问题的挑战。改善那些急需帮助的人们的生活，则是重中之重。

这并不仅仅是一件利他主义的事。出色的设计思考者总是被艰巨的难题所吸引，不管这些难题是为罗马帝国运送淡水，建造佛罗伦萨大教堂的穹顶，负责运行一条穿越英格兰中部地区的铁路线，还是设计第一台笔记本电脑。他们发现了这些需要在前沿处工作的问题，因为在前沿处最可能取得前人没有取得的成就。对上一代的设计师来说，这些问题是由新技术所驱动的。而对下一代的设计师来说，也许在南亚高地、东非疟疾肆虐的湿地、巴西的贫民窟和雨林以及格陵兰岛正在融化的冰川，可以发现那些最紧迫，也最令人兴奋的挑战。

我并不是说，设计师以前从未关注或试图解决过可持续发展和全球贫困这类宏观问题。当我在艺术学院读书时，维克多·帕帕奈克（Victor Papanek）的著作《为真实的世界设计》（*Design for the Real World*）是我们的必读书目，我现在还能回忆起，当年我们围绕"设计是为了人而不是为了盈利"这个论点，一直讨论到深夜。这一正义感与不满情绪，带来了大量的锡罐头盒收音机和紧急避难所，但是刚刚开始产生的社会责任意识，并没有带来任何持续的影响与作用。原因在于，设计师将技艺集中应用于所关注的实物上，而忽视了系统的其他部分：谁会在什么情况下使用该物品？如何制造、销售该物品并进行日常维护？该实物会维护还是会破坏文化传统？

马丁·费舍尔（Martin Fisher）开发了一个更好的模式。这位斯坦福大学的博士因为不会讲西班牙语，失去了由富布赖特（Fulbright）奖学金资助去秘鲁工作的机会。费舍尔不太情愿地同意去肯尼亚工作 10 个月，结果他却在肯尼亚待了整整 17 年。他在内罗毕看到，在被卷入全球经济体系的贫困国家中，人们更需要知道如何赚钱，这比提供金钱本身更为重要。费舍尔与他的开发伙伴尼克·穆恩（Nick Moon）一起创建了非营利组织"起点"（KickStart），为人们提供成本很低的"微技术"，比如被称为"超级赚钱水泵"的脚踏式深水泵。该组织已经在东非帮助 8 万多名当地农民开办了自己的小生意。费舍尔明白，光有设计精巧的水泵、压砖机和棕榈油压榨机还远远不够，他还需要为顾客提供包括销售、流通和维护在内的地方基础架构。在硅谷的高科技世界读书，但在内罗毕的贫民窟里受到教育的费舍尔向我们展示出，设计思维如何围绕某个问题拓展了它的边界。

找出极端用户

当惠普公司邀请 IDEO 公司协助调查东非小额低息贷款的情况时，我们的人类行为专家并不知道自己会发现什么。我们原本没有很多在非洲的经验，惠普公司说我们是小额低息贷款方面的专家，确实是对我们的褒奖。因此，我们自然就接受了这项任务。

惠普公司与通用远程交易仪

IDEO 的一个两人团队前往乌干达，他们深入首都坎帕拉和各种各样的乡村社区，与当地妇女交谈，了解有关小额低息贷款的真实情况。在实地工作中，这两位研究人员了解到，人们需要对财务交易明细进行准确的记录，然而他们也看到了，在西方国家认为是理所当然的手段和技术在这里是行不通的。在非洲的乡村，电子产品的使用并不普遍。因此，电子产品的组件必须简单且耐用。设计产品时要做到容易维修或是能很便宜地更换配件。对于方言杂糅、人口很少的部落来说，重新编写类似 Windows 的界面成本实在是太高了。这两个人越深入调查，限制条件就变得越令人气馁。

实地调研人员返回后，设计团队开始设计一款产品，这应当归功于 IDEO 公司几十年来与玩具业而非消费类电子产品业的合作。这款装置采用简单、现售的电子配件，这些配件价格便宜、易于使用，而且容易修理。这款设备没有采用基于昂贵的显示器的界面，而是将简单的打印纸键盘安置在按钮之上，这样，在这款设备上使用一种新语言，就像打印或者手写一张新的纸那么简单。这款"通用远程交易记录仪"（Universal Remote Transaction Device）不会在拉斯维加斯年度国际消费类电子产品展上获得巨大成功，但是针对发展中国家的新兴市场，它却是一件恰好能满足需求的工具。而且，这款设备不仅能用来记录小额低息贷款的交易明细，还可以用于远程监控医疗突发事件、农业问题、供应链管理，以及更多其他领域的问题。

我在前文中提到过找出极端用户会有什么好处，以及为什么多数引人注目的领悟来自对边缘市场的探究。这么做的目的不只是为这些远离主流的边缘人群进行设计，更重要的是从他们的激情、知识或仅仅是极端状况中获得灵感。然而，我们可能太畏首畏尾，理解不了这一观念的含义。就算是去观察精通高科技产品的韩国青少年以帮助我们思考如何为美国中年人设计产品，这也还是局限在我们熟知的地域和人群中，局限在消费者导向的问题中。我们通常不会想到走进地球上最穷、最易被忽视的角落，去了解那些在现代生活体系之外的人们是如何生活的，但也许正是在这些地方，我们会发现合适的全球性解决方案，来解决世界上最紧迫的问题。有时，需求是创新之母。

上述论点可能会被误解。尽管为根除可预防的疾病、救灾和乡村教育事业贡献我们的才能是值得称赞的，但我们的本能常常会把这些干预行动看作不同于或是高于商业机构实际关切的社会行为。它们是基金会、慈善机构、志愿者和非营利组织的领域，跟那些只关心盈亏、"没有灵魂的公司"毫无关系。然而，这两种方式都不再成立了。那些把注意力集中在将市场占有率提高零点几个百分点的企业，错失了改变游戏规则的重要机会；而那些只靠自己的力量来运营的非营利组织，也许没有办法得到足够的人力资源和技术资源，来创造可持续、系统性的长期转变。具有影响力的企业策略专家 C. K. 普拉哈拉德（C. K. Prahalad）曾写道，可以在"金字塔底部"找到财富，发现这些财富的企业敢于接近世界上最穷的平民，不是把他们当作廉价劳动力或者慷慨施舍的接受者，而是让他们成为创业者的合作方。普拉哈拉德对位于印度马杜赖市的亚拉文眼科医院（Aravind Eye Hospital）的描述，就是一个典型案例。

印度之行 ①

亚拉文眼科医院是 1976 年由已故的人称"V 医生"的文卡塔斯瓦米（G. Venkataswamy）医生创建的，旨在探索新方式，为贫困和发展中国家的居民提供医疗服务。当时，已有的方式包括：从西方引进医疗服务和设

① 这里借用了小说《印度之行》（*A Passage to India*）的书名，这部小说是英国著名作家福斯特的代表作，根据 20 世纪初他在印度的亲身经历和感受写成，被认为是 20 世纪最重要的小说之一。——译者注

施，而这对多数印度人来说是不可企及的；依靠"传统"疗法，但它剥夺了人们享用现代研究成果的权利，而且通常意味着根本不进行治疗。V 医生认为，一定有第三种方法。

我的印度之行开始于一次对一个亚拉文流动眼科临时营地的访问，该营地位于南印度泰米尔纳德邦马杜赖市的郊区。虽然我并没有期望能见到在精心规划的社区里整洁的三居室房屋，但我对看到的场景还是没有足够的心理准备：用硬纸箱和波形金属板七拼八凑出的棚户区、与英国殖民时期遗留下来的车间混杂在一起的简易房、规模与沃尔玛超市停车位相仿、出售能想到的所有日常必需品的商店。但是，我也看到了人们去检查眼睛。我看到复杂的病例是如何通过卫星传回医院的，在那里，经验丰富的医生可以做出最后诊断。我看着白内障患者登上一辆开往亚拉文医院的巴士，他们将在到达医院的当天接受手术。

亚拉文医院有自己的生产设备，可以制造用于白内障手术的人工眼内晶体和缝合线。这是一个令人惊异的运用极端限制条件激发突破性创新的案例。与亚拉文医院的巴拉克利什南（P. Balakrishnan）医生一起工作的戴维·格林（David Green）医生提出，可以采用小规模电脑辅助制造技术，在当地制造人工晶体，而不必以每对 200 美元的价格从国外医疗供货商那里进口。格林医生因此获得了阿育王基金会（Ashoka Foundation）、麦克阿瑟基金会（MacArthur Foundation）和施瓦布社会企业家基金会（Schwab Foundation for Social Entrepreneurship）授予的荣誉称号。1992 年，格林医生通过他的非营利组织"影响计划"（Project Impact），在一所医院的地下室设立了一个小规模制造工坊，开始生产塑料晶体。随着时间的推移，这个制造工坊进一步扩展，开始生产手术缝合线，而且最终达到了在国际范围内出口产品所必需的所有国际标准。后来，格林医生给这个起步于地下室的制造工坊起名为奥罗实验室（Aurolab）。格林将自己比作"系列社会企业家"，他现在将注意力转向生产治疗听力减退和儿童艾滋病的药物——这是一项全球运动，是从亚拉文体系内部的模型发展起来的。

在亚拉文医院，我们穿上防护服参观了病房——每年医生们在这里施行超过 25 万例手术。装配线方式的手术程序是亚拉文医院高效率的核心。当一位外科大夫采用迅速而熟练的步骤移除患者已损坏的晶体时，在同一间手术室里，下一位患者就在一旁接受手术前的准备工作。手术后，患者不是在有卫星电视和鲜花的高级病房中，而是在地上放着简易床垫的简陋房间里进行术后恢复，在第二天出院回家前，他们会在这里过夜。按照西方的标准，病房并不豪华，但这至少跟患者家里的床同样舒服。对于大约三分之一的患者，手术是免费的；其余的患者则需支付浮动的手术费，最低从 3 000 卢比（约合 65 美元）起算，而他们得到的是几乎同等技术水准的治疗。

一位西方的医生、医院管理者、建筑师或工业设计师，不太可能摒弃豪华病房，改用简易床垫和水泥地面，尽管他们的使命可能是帮助失明患者。舍弃豪华这一领悟来自 V 医生对贫民文化的换位思考。他意识到，如果为患者提供的设施与他们在村子里惯用的设施水平相当，而这些设施又可以达到可接受的医疗标准，那么就能够以一种经济上可行的方式为穷人服务。他已经成功地做到了这一点。亚拉文医院的眼科医院已经治疗了上百万名患者。奥罗实验室以 30% 的利润在运转，而这些利润又被投入到位于尼泊尔、埃及、马拉维和中美洲国家的诊所中。亚拉文医院的管理团队接受私人捐款以资助额外项目，同时，其运营模式可以实现自我维持，亚拉文医院与大多数西方医疗机构一样，并没有依赖慈善捐款来维持运营。

很多人称赞亚拉文医院是良心企业典范，而在亚拉文医院的经历，让身为设计师的我看到了在极端约束条件下工作的巨大潜力。极具讽刺意味的是，美国企业梦寐以求的东西——以创新推动突破性解决方案的产生并提高收益率，却在印度乡间一家眼科诊所的简易床垫上实现了。亚拉文医院不仅为马杜赖、本地治里和其他开设了亚拉文医院的城市的居民提供了数不清的福利，还将自己的理念与方法输出到其他发展中国家的医疗机构，这种影响可能还会超越发展中国家的范围。来自美国和欧洲的年轻外科医生开始在亚拉文医院接受培训，患者也开始前往印度，寻求世界级的医疗服务，而他们需要支付的费用只占在纽约或洛杉矶看病价格的一小部分。

2006 年，V 医生去世。直到他生命的尽头，当说起亚拉文医院的前景时，他还是喜欢把麦当劳当作规模与效率的标准，期望能够将这种标准引入医疗领域。他的成就就是采用了设计思考者的工具，如换位思考、实验和制作模型，以一种自然、可持续的方式达到麦当劳那样的效率。

值得深思的事

从马杜赖市向北行进 1 600 公里，在新德里的郊区，由印度国际发展企业组织（International Development Enterprises, 简称 IDE）设立的示范农场就坐落在这里。IDE 由社会企业家保罗·波拉克（Paul Polak）创办，其宗旨是提供低成本解决方案，以满足发展中国家小农场主的需求。通往农场的羊肠小道穿过用各种方式灌溉、长势良好的庄稼地。在田地的一角，有滴灌水管，而在另一角，则是用低成本简易材料制成的浇灌机。IDE(印度)首席执行官阿米塔巴·萨丹奇（Amitabha Sadangi）不断重复着同一个理念：为穷人所做的设计，自始至终都要以成本为核心来考虑问题。每一个细节的设计，都要做到成本尽可能低，同时还不能放过任何一个可以提高效率的机会。在多数西方制造商看来，这一方式是合情合理的，而萨丹奇和波拉克则更进了一步。在乡村按季结算盈亏的复杂情况下，他们要求农场主的任何一笔投入都要在一个生长季内得到成倍的回报。一位美国农场主可能会贷款购买一部 10 万美元的拖拉机，而发展中国家的农民却不能冒这个险，而且他们也没有这么多资金进行这类投资。这个限制条件就激发了创新，而这些创新具有改变发展中国家农业的潜力——也许还会在发达国家中产生影响。

许多 IDE 滴灌产品的设计寿命达不到一二十年这么长的西方标准，相反地，只有一两个种植季。对一个西方工程师来说，这种看来短视的做法好像是不负责任的，但是通过采用不耐用却更便宜的材料，IDE 已经把灌溉成本降到了每 20 平方米土地只需 5 美元。一名农民可以通过种植水果或蔬菜获得比这 5 美元高出很多倍的收益，这样他就有足够的钱在未来的季节里灌溉更多的土地。通过降低成本，IDE 使得农民能够将额外收益用于再投资，从而更快地达到经济收入的持续增长，同时风险却相对较小。这样，农民对 IDE 低成本系统的需求量就会增加，于是 IDE 像亚拉文医院一样，将公司的运营建立在可持续商业模式的基础之上。

这一方式有可能为印度、非洲和其他地区勉强糊口的农民带来重大影响，而其潜在的影响也许比这还要大。用整合的方式设计产品，从而使成本较低的初级产品能够更快地为顾客创造财富，这个想法可以应用于农业以外的其他领域之中。在发展中国家，这种商业模式正被应用于笔记本电脑、通信服务、净水输送、农村医疗和平价住房中。那么，为什么不能把它应用于西方的同样领域中去呢？当我写这本书的时候，经济风暴正撼动发达国家，这就表明，主流商业模式不起作用了。这正是个千载难逢的时机，我们应当设想一下如何向一个新型社会迈进，在这个新型社会里，我们所购买的商品不仅仅是用来消费的，还应当能对创造财富有所助益。设计那些能够迅速带来投资回报的产品、服务和商业模式，这样的想法很吸引人，而且它首先出现在那些多数人别无选择的地方，也不是件偶然的事。

亚拉文眼科医院、国际发展企业组织和其他类似的机构，正在实验不同的方法，用社会影响而非利润来衡量成功与否，而且他们促使我们思考如何把这些经验应用于其他领域。从某种意义上来说，我们曾经看到过这种创新。丰田、本田和日产等日本车企，都是通过为本国市场提供低价汽车而迅速崛起的，而在那个时候，底特律则是以车尾翘起的高度来衡量某款车是否成功。接下来，这些日本车企向世界证明了，在对良好设计、高效制造、低油耗和低成本的普遍需求方面，并没有什么东西是"日本特有"的。亚拉文模式是否能够"挽回经济危机"，给我们指出一条光明大道？与极端条件下的用户共同工作有很多严酷的限制条件，而且失败的代价也会很大。但我提出的这个主张，并不仅仅是出于社会责任或公益的考虑。它也许会告诉我们，如何发现那些有全球关联性的机会，如何避免输给新的竞争者，而这些竞争者崛起的环境，是慎重的组织不敢涉足的。

与谁共事

不管是否已经采用了或只是听说过设计思维，许多社会企业家实际上正在运用设计思维的原理。顾名思义，社会问题是以人为本的。世界上最好的基金会、援助组织和非营利机构都了解这一点，但是其中许多组织都缺少方法来坚持这一承诺，因为在可持续的企业中，资源不仅来自外来捐款，还依靠他们所服务的人的能量和资源。

设计背后的故事

聪明人基金与以人为本

2001 年，杰奎琳·诺沃格拉茨（Jacqueline Novogratz）创办了聪明人基金（Acumen Fund），一个总部位于纽约的社会创业基金，其投资对象是位于东非和南亚的致力于以可持续方式为穷人服务的企业。聪明人基金已经投资了从连锁健康诊所到平价住房等领域的多个营利企业及非营利企业。这一模式正得到全球的关注。诺沃格拉茨已经清楚地阐明她的领导团队如何运用设计思维——除了根据衡量投资"表现"的标准指标外，还基于业务可持续性和社会影响的平衡，来评估各项投资成功与否。实际上，由于在运用设计思维来平衡商业目标与慈善目的方面有着共同的兴趣，IDEO与聪明人基金已经建立了长期合作伙伴关系。

我们的合作开始于一系列工作坊，在这些工作坊中，我们探索一系列可被转化为可行项目的基本需求，包括从防疟疾蚊帐到卫生与消毒等内容。我们决定关注净水问题。发展中国家有大约12亿人口因饮用不洁水而处于罹患疾病的威胁之中。饮用水即便来自高品质的水源地，经过长途运输到达目的地后，通常也会受到污染，而这些饮用水经常是靠徒步运输的，而且道路状况通常很差。设计团队拟定了项目概要：如何创造出安全且简易的储水和运输方式，从而改善低收入社区的健康和生活水平，并为当地创业者创造机会？

随着项目的不断进行，我们收集到了与解决方案同样多的领悟，用以指导这些想法的实施。一个想法不管多有吸引力，如果得不到位于印度或非洲的目标顾客的认可，也就没什么价值。为了达到这一目的，项目团队采用了人类学家克利福德·格尔茨（Clifford Geertz）所说的、当地非营利组织和创业者具有的"地方知识"，从而带来了许多适合地方文化的想法：采用手机或预付券的新型支付方式，大力推广运输车辆的品牌以提高知名度，由社区拥有或运营当地净水运输站。接下来的步骤，则是在这些地方团体把想法推向市场的过程中，设法为他们提供支持。

亚拉文医院、IDEO和聪明人基金，不仅提供了精心设计的产品，还展示了如何将设计思维应用于某个问题的各个方面：产品、与产品紧密联系在一起的服务、提供服务的企业所采取的商业模式、企业背后的投资者等。如果把这些组织看作用心良苦的富有慈善家，那就错了。这些社会企业已经开始实现"需求性 – 延续性 – 可行性"三者的整合。这就自然而然地带来了跨领域创新项目。在亚拉文医院的案例中，参与其中的多数设计思考者是医生，而不是设计师。聪明人基金的设计思考者则是风险投资商和发展专家。他们已经学会应对印度和非洲国家政府的官僚体系，并使自己的努力适应于现有的基础设施，因为系统性问题只有通过整个系统的合作才能得以解决。

做什么项目

与那些在饱和市场中试图将品牌拓展到某个新缝隙市场中的企业不同，对致力于用设计创造社会影响力的企业来说，机会遍地都是。实际上，机会太多也是个问题，至少在只有数量有限的设计思考者，却要应对这么多问题的情境下。洛克菲勒基金会最近邀请 IDEO 思考，设计业如何能够在解决社会问题方面做出更大的贡献。在与十几个非营利组织、基金会、咨询顾问以及设计师交流后，我们获得的最重要的一个领悟就是，我们可以把有限的资源分布得更广。每个设计思考者只有时间和精力应对 10 个潜在项目，而 95% 的项目位于非洲、亚洲和拉丁美洲——这就使情况变得更为复杂，使得前往实地获取领悟和快速而反复地搭建想法模型变得更困难了。

解决这个问题的办法，就是找到某种方式，把全球设计思考者的力量集中起来，创造出一个重要群体，建立起强劲的势头，针对那些挑选出来想要解决的问题，开始切实推进找到解决方案。最有希望的实例之一，就是慈善组织"人道建筑"（Architecture for Humanity），该组织于 1999 年由卡梅隆·辛克莱（Cameron Sinclair）创建。

"人道建筑"与"开放建筑网络"

在第一轮实验中，辛克莱利用互联网将建筑精英汇聚起来，进行应急房屋和避难所的设计，以此应对 2004 年给东南亚带来巨大破坏的大海啸和 2005 年"卡特琳娜"飓风这样的重大灾难。辛克莱获得的 TED 大奖 ① 使他创办了"开放建筑网络"（Open Architecture Network），这个网络不仅被用来应对特定的突发事件，还为解决长期系统性问题提供了平台。此网络的使命是"改善 50 亿人的生活水平"，实现的途径是设置设计挑战，在网上发布设计方案，以便它们得以共享和改进，联结起利益主体，并创造一种参与方式来解决设计问题。实际上，该网络寻求的是合理利用全球范围内建筑师和设计师的集体力量，从而使之聚集、集中并得以放大。要设定优先顺序，联合国千年发展目标是一个很好的入手点，但是，其中"彻底消除极端贫困"和"推动两性平等"这样的目标却过于宽泛，不能作为有效的设计项目概要。如果想要实现千年发展目标，就要把它们转变成可行的设计项目概要，在这些项目概要中，要有明确的限制条件，并设置成功的标尺。更有前景的问题可能是：

- 如何通过简单价廉的产品和服务使贫困农民增加土地的产出率？
- 如何通过更好的教育及提供某些服务，使女孩成为其群体中有力而且有所作为的成员？
- 如何在农村地区训练社区医务人员，并为其提供支持？
- 如何找到低成本产品取代市内贫民区烧木头的炉子和煤油炉？
- 如何设计一种无须用电的婴儿保温箱？

---

① TED 大会每年为三位获奖者颁发 TED 大奖，每位获奖者除了获得 10 万美元奖金外，还可以在 TED 组织者的帮助下实现自己的愿望。——译者注

每个设计师都知道，关键在于精心制作一份项目概要，既要足够灵活，以释放出团队的想象力，又要足够明确，确保想法建立在目标受益者生活的基础之上。

解决身边的问题

并不是所有最重要的社会设计问题，都只存在于发展中国家。西方的医疗保健正面临即将到来的危机。事实上，对上百万美国人来说，医保体系已经垮掉了。费用上涨正威胁着医保体系的稳定，而美国人的生活方式又很不健康，这就让我们付出了沉重的社会代价和经济代价。医学研究者集中精力治疗心脏病、癌症、中风、糖尿病等慢性病，政策专家则致力于改进医疗管理与实施的有效性。然而，如果两方面相互隔绝，这些努力就永远也不够。我们需要持续不断地努力，来整合这些途径，并开拓不同的替代方式，而这正是设计思考者能够发挥作用的地方。

在医学上，一旦患者病情稳定下来，更大的任务就是找到病因——实际上是从疾病的治疗转向了预防。肥胖症就是一个很好的例子，它是西方社会几种主要死因的背后黑手，而且目前在临床上，患肥胖症的人数在西方总人口数中的占比已经达到了流行病的比例。某些相关因素与一个人的生理、文化、人口统计学和地域等方面的情况有关，而其他一些因素则在于人们的选择。所有这些都为设计思考者提供了机会。

近几十年来，儿童肥胖症的发生率急剧上升。根据美国疾病控制与预防中心的数据，自 1980 年以来，超重儿童和肥胖儿童的人数已经增至原来的三倍。因为不仅成年人能够罹患此病，过去的"成人型糖尿病"现在不得不改称为"II 型糖尿病"，而且儿童注射胰岛素的情况也不再罕见。在个体的层面上，我们会开始思考，为什么儿童这么早就养成了糟糕的饮食习惯，而这一习惯在他们长大后就很难改变了。于是，我们开始思考解决这些问题的办法。一些学区已经禁止在学校的餐厅里和自动售货机上出售垃圾食品，但仅仅依靠剥夺孩子们喜欢的食物的手段只会弄巧成拙。更有希望的做法是正向诱导，正如著名的伯克利餐厅"帕尼斯之家"（Chez Panisse）的创办人爱丽丝·沃特斯（Alice Waters）所做的那样。沃特斯启动了一个名为"食物校园"（Edible Schoolyard）的新项目，鼓励学校自己种植农产品，为学校午餐提供健康食材，同时也让孩子们了解食物是从哪里来的。在英国，杰米·奥利弗（Jamie Oliver）创办了"校餐"（School Dinners）项目，并与当地政府合作，介绍更健康、味道更好的食物。

这两个案例都可以看作对传统设计难题的回应。他们并没有用义正词严的劝告来"消除儿童肥胖症"，而是提出了设计思考者的问题："如何能够……鼓励孩子们吃更健康的食物？"

肥胖等式的另一半与健康和锻炼有关——经济学家和营养学家都会同意引入"摄取－消耗"模型。我们摄取的热量比以往任何时候都要多，然而我们却是历史上运动量最少的一代人。在这方面，设计思维同样也有机会，为那些通常被认为是医学或公共政策的问题做出贡献。

耐克公司与测跑装置

设计背后的故事　CHANGE BY DESIGN

耐克公司已经调动起公司内部的设计团队，不仅为运动员提供运动器材，还帮助他们理解自己的行为。这反过来又带来了一些重大的产品创新。自 2006 年以来，耐克的顾客已经用一种简单的装置，记录下了他们跑过的 1 亿多公里的路程，这种装置安装在耐克跑鞋里，可以将跑步速度和距离等数据传送到 iPod 上。回到家后，他们可以把这些数据传到网站上，从而回顾自己一段时间以来的进展，或与其他跑者进行比较。

耐克的创新之处在于，构成一个闭合的信息链，让人们评估自己行为的效果。类似地，任天堂健康游戏机满足了人们想要看到结果的需要，而且不用离开舒适的客厅就可以实现。

这些意在鼓励更健康行为的小小的初始步骤，必须重复无数次，才能带来显著的社会效益，但是它们确实表明，我们是有希望解决肥胖问题的。设计思考者已经变得善于从个人动力以及个人行为的角度来解决重要社会问题了，然而我们还需要对那些限制我们做出最初选择的社会力量进行深入的分析。健康的身体是健康社会的必要条件，而不是充分条件，反之亦然。在世界范围内，设计思考者已经成了行动主义者，他们正运用自身的技能消除社会功能紊乱的根源。

从全球到地方

英国设计委员会（Britain Design Council）成立于第二次世界大战末，前身是英国工业设计委员会（British Council for Industrial Design），旨在帮助战后经济恢复，但是从那时起，它就把自己的使命拓展到了应用设计来解决各种各样的当代社会问题。近年来，英国设计委员会已经与英国国家政府和地方政府开展合作，用创造性解决方案来解决那些在 10 年前都想象不到的问题。在"Dott 07 设计节"期间，设计委员会在英格兰东北部地区主办了为期一年的基于社区的项目、竞赛、展览、会议、研讨会和庆祝活动，以探讨以下一些问题：设计是否有助于打击犯罪？重新设计食品生产体系的时机已经成熟了吗？设计如何能使学校具有延续性？

其中一个特别成功的项目——"设计与性健康"，在鼓励人们利用那些通常不好意思让别人知道的社会服务方面，着手建立起某种平衡，以满足引起公众关注和个人选择的不同需求。该项目团队在 1 200 名居民、社区领袖和健康专业人士中开展了调查，接下来创立了一个包括交流、教育、临床与服务设计的综合项目，该项目关注的焦点不是疾病，而是来诊所看病的人的体验。

希拉里·柯特姆（Hilary Cottam）曾任英国设计委员会主席，她将这种地方性设计思维方法又向前推进了一步，与创新专家查尔斯·里德比特（Charles Leadbeater）和数字企业家雨果·马纳赛伊（Hugo Manassei）联手，创立了"共同参与"（Participle）组织。该组织致力于通过让地方社区与全球顶尖专家合作，发现用以解决社会问题的新型方案。通过以设计思维为指导，以威廉姆·贝弗里奇爵士（Sir William Beveridge）提出的英国福利国家思想体系为基础，"共同参与"团队已经解决了从老年人独居到青年人融入社会的一系列问题。其中一个叫作"南华克圈"（Southwark Circle）的项目催生了一个新型会员组织，帮助老年人料理家务。在这项服务于 2009 年初在伦敦南部的南华克区正式推出前，设计团队与老年人及其家人合作，改进想法并测试模型。柯特姆相信，在地方上创造出来的解决方案，最终会带来基于社区社会服务的全国模式。

设计未来的设计思考者

要产生长期影响，最重要的机会也许是通过教育来实现。设计师已经学到了一些非常有用的方法，用以发现创新性解决方案。如何运用这些方法，才能不仅教育下一代设计师，还能对如何改造教育有所思考，将人类巨大的创造潜能释放出来？

2008 年，我给位于帕萨迪纳的艺术中心设计学院（Art Center College of Design）的学生讲述了"严肃游戏"，我们在孩童时期参与的游戏与创新和创造力的特征之间的联系。我提出，用双手来探索世界，通过搭建模型来检验想法，进行角色扮演，以及其他数不清的活动，都是孩子们在玩耍时表现出来的天性。然而，当进入了成年人的世界后，我们却把这些宝贵才能中的大部分都丢掉了。这首先发生在学校里。学校教育对分析和归纳式思维的重视，导致多数学生毕业后都会认为，创造力要么不重要，要么是少数有才华的怪才的专利。

谈到设计思维在学校中的应用，我们的目标必须是创建一种教育体验：不是扼杀孩子实验和创造的天性，而是鼓励和强化这种天性。对整个社会来说，未来的创新能力取决于让更多的人掌握设计思维的整体原则，就像技术实力取决于具有高水平的数学和科学能力一样。或许令人惊讶的是，IDEO作为一家为苹果、三星和惠普这样的公司做工业设计而闻名的公司，却与公立和私立学校合作、与W. K.凯洛格基金会（W. K. Kellogg Foundation）等组织发起教育创新项目，以及与学院和大学密切合作，而这已经成为IDEO业务中越来越重要的部分。

奥蒙代尔学校与参与式设计

奥蒙代尔学校（Ormondale）是位于富裕的波度拉谷湾区的一所公立小学。该校员工确信，"培养21世纪的学习者，不能采用18世纪的方式"。与企业客户的要求不同，奥蒙代尔学校没有要求IDEO提供设计好的课程，而是请我们协助他们建立一个流程，在这个流程中，那些设计课程的人，即教师本人，将负责实施这些课程。设计团队进行了头脑风暴，开设了工作坊，开发出课程模型，而且对包括从野生动物保护网络到摩门教食物分配网络这样的类似机构都进行了观察。目前，奥蒙代尔学校的老师已经开发出一套工具，这套工具与"探究式学习"具有同样的原理，即鼓励学生成为知识的探索者，而非信息的接受者。这个过程，即参与式设计，反映出了最终成果：参与式教学与学习环境。

重新思考教育结构的机会，存在于教育体系的各个层级之中。在传统艺术学校的架构内，位于旧金山的加州艺术学校已经运用设计思维的原理——以用户为中心的研究、头脑风暴、类比观察、模型制作，精心制定了该校未来艺术教育的战略规划。伦敦皇家艺术学院（Royal College of Art）正与帝国理工学院（Imperial College London）进行合作，合理利用在艺术和工程领域中得到的各不相同但又相互促进的各种创造性解决方案。位于多伦多的安大略艺术与设计学院（Ontario College of Art & Design）的学生，有机会与多伦多大学罗特曼管理学院的学生合作，共同寻求创造力与创新方法。

在斯坦福大学哈索·普莱特纳设计学院，即大家熟知的"d–学校"中，可以找到一项最新实验。d–学校没有试图去教育传统设计师，而且实际上也根本没有开设任何"设计"课程。相反，它提供了一种独特的环境，在这个环境中，专业技能相差甚远的医药、商业、法律和工程等各专业的研究生，都有机会聚集在一起，共同开展有关公众利益的设计项目。在每个学生项目中，d–学校都鼓励以人为本的研究、头脑风暴和模型制作，而且还将这些设计思维的核心原理应用于学校自身。校内空间是可以互换的，学术等级并不重要，课程设置永远是在变化的，简言之，学校本身就是一个进行中的教育过程模型。

找到办法将设计思维原理应用于社会问题，比如在坎帕拉的郊区，在纽约一家社会风险基金会的办公室里，或者在加州一所小学的教室里，是吸引当今最雄心勃勃的设计师、创业家和学生的一类问题。他们的动力并非来自在毕业后几个月或在退休前"回馈社会"的无私愿望，而是来自"最大机会源于最大挑战"这一事实。

本章中提到的项目和人，并不关乎慈善、救助或自我奉献，而是关于真正的互惠互利。暂时放下工作或学业，花一两年时间帮助和平队在尼泊尔或萨尔瓦多修建游戏场，这没什么错。然而，本章所讨论的创新项目，并没有号召那些受过高端培训的专家"中断"自己的事业，而是希望他们为自己的事业"重新定向"，以便能够服务于那些有极端需求的人。

如果我们打算在别人的好想法的基础上进一步思考，至少在目前，我们必须要把注意力集中在有限的问题上，这样获得的成效就能随时间和空间得以积累。我们要培养所有孩子的天然创造力，而且随着他们在教育系统中前行并进入职业生涯，还要确保这种创造力仍然具有活力，而最好的办法就是培养未来的设计思考者。

让IDEO
告诉你
CHANGE
BY DESIGN

- 为穷人所做的设计，自始至终都要以成本为核心来考虑问题。
- 在前沿处最可能取得前人没有取得的成就。
- 设计是为了人而不是为了盈利。
- 有时，需要是创新之母。
- 谈到设计思维在学校中的应用，我们的目标必须是创建一种教育体验：不是扼杀孩子实验和创造的天性，而是鼓励和强化这种天性。

CHANGE BY DESIGN

How design
thinking
transforms
organizations
and
inspires
innovation

第 10 章

变革，从设计开始

如何让设计思维不仅能够帮助企业成功，还能促进全人类的普遍福祉，用这种鼓舞人心的主题结束本书，是个很诱人的想法。前文中提到的人和项目，都处在设计思维的前沿。这些案例表明了，当人们解决正确的问题，并致力于坚持透过问题得出合乎逻辑的结论时，有可能发生什么。但是，借用斯坦福大学教授杰弗里·普费弗（Jeffrey Pfeffer）和鲍勃·萨顿（Bob Sutton）的话来说，设计思维要求缩小"知行鸿沟"。设计思考者的工具——走进真实世界从普通人那里获得灵感，采用模型制作从而通过双手来学习，创造故事来分享想法，与其他领域的人通力合作，是加深我们所知的和扩大我们所带来的影响的方法。

　　在整本书中，我想要为大家展示，不仅可以把设计师的技艺切实应用于一系列广泛的问题之中，而且这些技艺并不是与生俱来的，能够掌握设计师技艺的人远比我们认为的要多得多。当我们把这些技艺用于解决最大的难题——设计人生时，这两条线索就交汇到一起了。

设计思维的起点看起来并不起眼：威廉·莫里斯这样的手工艺大师，弗兰克·劳埃德·赖特这样的建筑师，亨利·德雷夫斯、蕾·伊姆斯和查尔斯·伊姆斯夫妇这样的工业设计师，立志将我们生活的这个世界变得更友好、更美丽且更有意义。在设计师设法系统拓展并推广自己工作的过程中，设计思维这一领域变得更深奥、更复杂。

很难用简单的方式对本书中提到的设计思考者进行分类。虽然我们倾向于把人们分为思考者或行动者、分析者或整合者、右脑艺术家或左脑工程师，但是，我们是完整的人，当处在适当的条件下时，各种特性就会自然显露。刚从艺术学院毕业时，我把设计看作极其个人化的艺术。那时，我当然不会担心它与商业、制造或营销的关联。然而，一旦进入专业实践的真实世界，我发现自己被各类跨领域项目所包围，这些项目的复杂性反映了这个世界的复杂性，而且我开始发现自己身上以前并不知道的某些天分。我确信，如果有了机会和挑战，多数人都会有与我类似的经历，而且能够把设计思考者的综合、全面的技艺应用于商业、社会和生活之中。

设计思维与组织

从起点就要介入

设计思维是从发散过程入手的，即有意识地尝试拓展而非减少选择。如果已经到了创新过程的末期，设计师探索新方向的努力也就没有什么意义了，因为这时整个过程已经趋于闭合。企业应该让设计思考者出席公司董事会议，参与制定营销策略，并参加早期的研发活动。设计思考者将用自己的才干创造出出人意料的新想法，并把设计思维的工具作为探索策略的方法。设计思考者将把企业上层与基层联系起来。

采取以人为本的方式

因为设计思维平衡了用户、技术和商业三者的视角，所以从本质上讲它是综合的。然而，在开始阶段，设计思维优先考虑目标用户，这就是为什么我一直称它为"以人为本"的创新方式。设计思考者会观察人们如何行事，观察人们的生活情景如何影响他们对产品和服务的反应。设计思考者不仅要考虑产品和服务的功能，还要考虑其情感意义。由此，设计思考者尽力发现人们没说出来的或不易察觉的需求，并把这些需求转化为机会。设计思考者采用的以人为本的方式，能够提供新商品或新服务的信息，并通过将新产品或新服务与已有行为联系起来，而增加人们接受它们的可能性。提出恰当的问题，通常可以决定新产品或新服务成功与否：

● 它是否满足了目标人群的需求？

● 除了价值以外，它是否还创造出了意义？

● 它是否激发了某种将会与之建立永久联系的新行为？

● 它是否创造出了激活需求的关键点？

在商业决策中，典型的默认方式是从普遍的商业限制条件入手，比如营销预算、供应链网络等，并以此进行推断，但这种策略带来的是渐增式想法，而且很容易被复制。从技术入手是另一种常见的方式，但这种方式风险较大，最好由那些对未测试过的新事物有较大把握的初创公司采用。从人入手的方式，增大了开发出突破性想法并找到接受新想法市场的可能性——无论对象是高档度假酒店的经理，还是柬埔寨自给自足的农民。在两种极端情况下，都首先要保证那些参与创新努力的人要尽可能贴近目标顾客。大量的市场数据并不能替代对真实世界的了解。

早失败，常失败

做出第一个模型所用的时间，是衡量创新文化活力很好的标尺。能以多快的速度使想法明确起来，从而测试并改进这些想法？企业领导应当鼓励实验，并相信失败不要紧，只要失败来得早且可以成为可供学习的资料。有活力的设计思维文化会鼓励模型制作——快速、价廉、简易，并将其作为创造性过程的组成部分，而不仅仅是证明最终想法有效的方法。有前景的模型会给设计团队成员带来兴奋感，当它有可能带来资助和支持时，这些成员就会成为热情的拥护者。但对模型的真正测试，不是在团队内部，而是在实地进行，这样一来，农民、学生、商务旅行者或外科医生等目标用户就可以亲自体验此模型了。模型必须是可测试的，但不一定是实物。故事板、情景描述、电影甚至即兴表演，都可以成为极其成功的模型，且越多越好。

寻求专业支持

即便自己能做，我也不会给自己理发或自己给车换机油。有些时候，走出自己所在的组织，寻找拓展创新系统的机会，是更明智的做法。有时要采取与顾客或新合作者共同创造的形式，有时则意味着聘用专家，他们可能是技术专家、软件怪才、设计咨询顾问或 14 岁的视频游戏玩家。我们已经看到，在互联网的帮助下，产品和服务正如何走出被动消费。顾客和合作者的积极参与，不仅可能带来更多的想法，而且还会产生忠实追随者的网络，而这会让竞争者很难渗透。创新者将充分利用网络 2.0 来扩展其团队的实际规模，而且超级创新者将做好迎接网络 3.0 到来的准备。

极端用户通常是获得鼓舞人心领悟的关键。这些用户是以意想不到的方式去体验世界的专家、爱好者和彻底的狂热分子。他们促使我们思考已有顾客无法想象的事情，并暴露出那些可能被掩盖的问题。所以要找出极端用户，并把他们看作是创造性财富。要记得，这些极端用户可能就在城市的另一边或世界的另一边。

分享灵感

不要忘记组织的内部网络。在过去 10 年间，就分享知识而言，大部分努力都集中在了提高效率上。也许是时候考虑一下知识网络是如何支持灵感的了——不仅提高已有项目进程的效率，还要激发新想法的产生。

- 如何把志同道合的人联系起来以释放他们的激情？
- 组织内新想法通常结局如何？
- 如何利用有关消费者的领悟，激发多个项目？
- 是否在用数字工具记录项目结果，以此来加强组织的知识基础，并使个人能够从中汲取经验，不断成长？

虚拟合作的兴起及机票价格的上涨，很容易让人忘记把人们聚集到同一个屋檐下的重要性。100 年后，这种说法听起来可能会很奇怪，但目前这仍是建立强有力联系的方式。挑战你的组织，考虑如何花更多的时间开展合作式的、有成果的工作，从而在结束一天的工作时得到一个确定的结果——那就不用再开会了。面对面交流的时间培养了团队成员间的关系，增强了团队的力量，而这是一个组织所拥有的最宝贵的资源之一。要让这些时间尽可能富有成效且具有创造性。如果在他人想法基础之上进行思考的过程是实时发生的，且发生在相互了解并相互信任的人之间，那这个过程就会变得容易得多，而且这一过程也会有趣得多。

将大、小项目有机结合起来

创新不是银质子弹（silver bullet）[①]，要把它想象成威力更大的"银质铅弹"（silver buckshot）。采用各种各样的创新办法是明智的，但要考虑哪些办法最能充分利用本组织的能量。要使自己的资产多样化。要采取多样化的创新组合，从短期增长型想法（例如怎样增加本年度新车型的公里数）延伸到长期革新型想法（例如怎样制造出一款以黄豆或日光为能源的汽车）。主要成果将出现在增长型区域，但是如果不探索更具革新性的想法，就有可能被预料外竞争打个措手不及。不利的一面是也许只有极少数革新型想法能进入市场，有利的一面是那些进入了市场的项目，将产生长期影响。

在增长型区域里，鼓励尝试新事物是很容易的。应当鼓励各商业部门，围绕已有市场和商品促进创新。具有创造性的领导，还必须愿意支持从上层搜索突破性想法，不管这意味着引进一套新型办公家具生产线，还是引进一套全新的小学课程。多数组织根据自身要求，制定了衡量某个部门效能的标尺。这种方式削弱了部门间的有效合作。然而，最具吸引力的创新机遇，恰恰存在于部门的交集当中。

按照创新步调编制预算

设计思维发展迅速，难以控制，而且具有颠覆性，因此很重要的一点是：不要试图依靠迟缓而低效的预算周期或官僚式的报告程序，来减缓设计思维的步伐。与其破坏自己最具创造性的财富，倒不如在项目按自身内在逻辑进行以及团队了解到面前更多机会的过程中，重新考虑资金分配。

---

① 英语中的俚语，意指万无一失的解决办法，由只有银质子弹才能射死魔物的观念而来。——译者注

灵活的资源分配方式在任何组织里都具有挑战性，在大型组织里则让人望而却步。但是，也许有办法摆脱依赖于市场预测和年度预算准则进行资源分配的方式，因为这种方式具有破坏性。有些企业已经尝试了风险资金的方式，用它来支持前景较好的项目。其他企业则依赖资深管理层的判断力，当项目达到特定里程碑时，为其发放资金。灵活预算的诀窍是要承认无法准确预测里程碑，且项目会呈现自身内在的活力。必须预料到，预算指导方针会多次改变。灵活预算的关键是审核过程，它依赖于资深领导的判断力，而非某种自动执行的计算过程。这就是风险资本基金如何运作的，而且，足够敏锐是成功风险资本投资者唯一的生存利器。

尽你所能发现人才

设计思考者的人数或许很少，但在每个组织中都有他们的身影。秘诀在于发现他们，培养他们，给他们自由，让他们去做自己最擅长的事。在员工中，谁会花时间观察顾客并倾听他们的心声？谁宁愿制作模型而不愿写备忘录？与待在指定办公隔间里相比，谁似乎与团队合作更能出成果？谁在来公司前，有奇怪的背景（或仅仅有个奇怪的文身）？

这些人是原材料和能量来源。他们是银行里的金钱。而且，因为已经习惯了被边缘化，他们会很高兴在初期阶段就参与令人激动的项目。如果他们碰巧是设计师，那就让他们走出舒适的设计工作室，加入跨领域设计团队中去。如果他们是会计、律师或者人力资源管理人员，那就给他们提供一些美术用具。

一旦用尽了内部人才，就要考虑如何招聘了。从学校里雇用那些了解设计思维、崭露头角的设计思考者，引进实习生，让他们与已有的经验更丰富的设计思考者协同工作。创建一些时间跨度相对较短，但更注重发散式思维的项目。在组织内部分享成果。围绕设计思维引发热议，这样"皈依者"就会自动现身。没有什么比乐观主义更能吸引真正的创新者了。

为全程而设计

在许多组织中，商业节奏要求人们大约每 18 个月轮换一次任务分工。然而，多数设计项目从启动到进入实施阶段需要更长的时间——特别是那些以真正突破为目标的项目。当核心团队成员无法经历项目全过程时，这对参与者和项目本身都是损失。项目背后的主导观念很可能因此被削弱、被弱化或者被遗失。参与其中的个人会觉得他们白交了"学费"，而且可能会产生不易摆脱的挫败感。经历整个项目过程的体验是无价的。

设计思维与个人

为这个世界创造新事物是极其令人满足的，不管这个新事物是一项获奖的工业设计，一种简洁的数学推导，还是发表在高中校报上的第一首诗。许多人发现，培养这种个人成就的感受，是一种强大的推动力。这碰巧也是明智的商业实践，因为这种成就感会使我们不愿意接受熟悉的、权宜的或乏味的东西。

不要问"什么"，要问"为什么"

每位家长都知道，5 岁大的孩子不断问"为什么"会有多"烦人"。许多家长都偶尔会用独裁式的回答"因为我说了算"来逃避这类问题。对设计思考者来说，询问"为什么"是个机会，据此可以重新描述问题，重新确定限制条件，同时为更具创新性的答案开拓新的可能性。不要接受给定的限制条件，而是要问，这是否确实是需要解决的问题。

我们需要的是更快的汽车，还是更好的交通工具？需要有更多功能的电视，还是更好的消遣方式？需要富丽堂皇的酒店大厅，还是能睡个好觉？

短期来看，热衷于问"为什么"会让同事厌烦，但长期来看，这会使我们更有可能集中精力解决正确的问题。没有什么比找到错误问题的正确答案更令人沮丧了。对企业来说，在回应项目概要或设计新策略中如此，同样，对个人来说，试图兼顾工作和生活也是如此。

仔细观察

我们生命中的大部分时间，并没有花在注意重要的事上。越熟悉一种情况，就越会觉得它理所当然，这就是为什么只有当亲戚来访时，我们才会去参观恶魔岛①或金门大桥，才会去酒乡（Wine Country）度周末。我的朋友汤姆·凯利（Tom Kelley）指出"创新开始于观察"，而我想把这一观点向前推进一步：好的设计思考者会观察，出色的设计思考者则会观察普通的东西。要养成习惯，每天至少有一次停下来，考虑一下司空见惯的寻常之事。花点儿时间仔细观察那些你会只看一次（或根本不看）的行为或物品，就好像你是勘察犯罪现场的刑侦人员。

为什么检修口的盖子是圆形的？为什么十几岁的孩子穿成那样去上学？在排队时，怎么知道与前面的人保持多大的间距？患有色盲症会是什么样子？

---

① 美国加利福尼亚州旧金山湾的一座小岛，1934—1963年为一所联邦监狱所在地，现已成为旅游景点。——译者注

如果把自己沉浸在深泽直人（Naoto Fukasawa）[①]和贾斯珀·莫里森（Jasper Morrison）提出的"平常至极"之中，对于指引我们生活的不成文规则，你就会有超乎寻常的理解。

画出你的想法

要用视觉的方式记录观察结果与想法，哪怕那只是笔记本里的一张草图或用手机拍摄的照片。如果你认为自己不会画画，那就太糟糕了。无论如何，还是要尝试着去画。我认识的每个设计师都随身携带素描簿，这就好比医生随身携带听诊器一样。这些图像将成为想法的宝库，可以作为参考，并与他人分享。

同样，我们创造想法的方式也是如此。路德维希·维特根斯坦（Ludwig Wittgenstein）是 20 世纪最理性的哲学家，可是他的座右铭是"不要思考，去观察"。与单纯依靠文字或数字的做法相比，采用直观的视觉观察方式，我们可以以不同的方式看待问题。我发现，与列出有条理的目录相比，把这本书做成一张思维导图用处更大。它为我提供了一种从线性目录中无法获得的全面感。生物学家芭芭拉·麦克林托克（Barbara McClintock）过去曾说过"对生物体的依恋"。当她被授予诺贝尔生理或医学奖时，她的同事才不再嘲笑她所采取的"过度情感化"的方式。阿尔·戈尔让我们看到了格陵兰岛冰盖的融化，艺术家塔拉·多诺万（Tara Donovan）让我们看到了用 100 万个泡沫塑料杯做成的艺术品。正如他们所说的，一幅图片相当于 1 000 个字，或许更多。

[①] 深泽直人是世界著名的工业设计大师，是无印良品的灵魂人物，他注重创造的事物与周围环境的和谐，他的想法既简单又神奇。如果想进一步感受他提出的"平常至极"，可阅读由湛庐文化策划、浙江人民出版社 2016 年出版的《深泽直人》和 2019 年出版的《深泽直人：具象》的中文简体字版。——编者注

在他人想法基础上进一步思考

几乎每个人都听说过摩尔定律和普朗克常数，但是，当某个想法与提出它的人关联得过于紧密时，我们就应当对这个想法提出质疑。如果一个想法变成了"私人财产"，那它很可能会慢慢变得陈腐而且脆弱。如果它在组织内部流动，经历不断的更迭、组合和变化，那它很可能会不断发展下去。就像自然环境需要生态的多样性一样，公司需要鼓励竞争性想法的文化。爵士音乐家和即兴表演者运用他们的能力，在艺术家同行实时创造的故事基础上，创造出了一种艺术形式。在我们的办公室里，到处都体现着"IDEO 特色"，而我最喜欢的，可能是那句经常被重复的话："作为一个整体，我们比任何个体都聪明。"

寻求多样选择

不要满足于你想出的第一个好主意，也不要抓住提供给你的第一个有前景的解决方案不放。好的想法和解决方案来源很多。要让百花齐放，但是还得让它们互通有无。如果你还没有探索过很多选择，那就说明发散思维运用得还不够。在这种情况下产生的想法，很可能是渐增型的，或者很容易被别人复制。

这会是一个难以恪守的承诺。寻求新选择要花很多时间，而且会把事情搞得很复杂，但这是获得更具创造力、更令人满意的解决方案的途径。在这个过程中，你的同事会变得很沮丧，顾客会变得不耐烦，但是他们将会对最终结果感到非常满意。你只是需要知道什么时候停下来，这是一门艺术，可以学到，但也可能教不会。设置截止日期是一种方式。截止日期不但会设置所花时间的外在期限，还会让你发现，随着截止日期的临近，你变得更有效率了。随便你怎么咒骂截止日期，但请记住，时间可能是最具创造力的限制条件。

保存所有资料

像设计师那样思考时，一个最令人满意的地方就是：结果是真实可见的。在项目结束时，过去并不存在的新东西出现了。随着进程的不断推进，要记得把这一过程记录下来，就像我们不会等孩子长大成人后，才去给他们拍照片。要拍摄录像、保留样图和草图、保存演示文档，而且还要找到空间存放实体模型。将这些材料汇总成资料集，就可以详细记录发展进程，并记载许多有才智的人带来的影响。在业绩考核、求职面试时，或者当你想要给孩子解释你在做什么时，这些都会派上用场。IDEO 的第 8 位员工丹尼斯·博伊尔保存了自己制作的所有模型（我们已经婉拒了他要求租一间飞机库来存放这些模型的请求）。当你的付出都有纪录可查时，你就很难不为自己所做的工作感到骄傲。

设计人生

设计思维来自设计师的培训与专业实践，但是，这些原则每个人都可以采用，并能够将其拓展到每个活动领域中去。然而，计划人生、随波逐流和设计人生三者之间却有着很大的差别。

我们都听说过把人生每一步都提前计划好的人。他们知道自己要上哪所大学，哪类实习工作可以通向成功的职业生涯，以及在多大岁数时会退休。如果他们迟疑了，他们的父母、经纪人和人生教练就会着手处理懈怠的问题。不幸的是，这样的方式从来不会奏效（还记得"黑天鹅"吗）。另外，如果开始前就知道谁是胜者，那进行比赛也就没什么意义了。

像任何优秀的设计团队一样，不觉得自己可以事先预知每个结果，我们也同样能有意义感，而这正是创造力存在的空间。我们可以模糊创新过程与它所带来的最终产品之间的界线。设计师在自然界的限制条件下工作，并在学着模仿自然界的优雅、经济和效率，而且作为公民和消费者，我们也可以学会尊重我们赖以为生的脆弱环境。

总而言之，要把人生看作模型。我们可以进行实验，发现新事物，并改变我们的视角。我们可以寻找机会，将创新过程转化为能产生实际结果的项目。我们可以学习如何从创造出的事物中获得快乐，不管它们是转瞬即逝的体验，还是流芳百世的传家之宝。我们会明白，回报不止来自消费我们周围的世界，创造和再创造同样也会带来回报。积极参与创造过程，是我们的权利和殊荣。我们可以学会用对世界产生的影响而非银行存款，来衡量我们的想法是否成功。

我在本书开篇中描述了我心目中的一位英雄，他生活在设计（更别说设计思维）成为一项职业之前的年代：维多利亚时期的工程师伊桑巴德·金德姆·布鲁内尔。随着工业时代的挑战延伸到人类努力的每个领域，一群无畏的创新者将追随布鲁内尔，就像已经改变了我的思维一样，他们将改变整个世界。在我试图创建的"读者之旅"中，我们已经见过了许多位创新者：威廉·莫里斯、弗兰克·劳埃德·赖特、美国工业设计师雷蒙德·洛威，以及蕾·伊姆斯和查尔斯·伊姆斯夫妇。他们都拥有乐观精神、对实验的开放态度、对故事讲述的热爱、对合作的需求和通过动手来思考的直觉——搭建、制作模型以及用极其简洁的方式来交流复杂的想法。他们不只是在进行设计，而且是在用设计的方式生活。

令我受益匪浅的伟大思想家与休闲书籍中所描绘的有关现代设计的"先锋""大师"和"楷模"不同。他们不是极简式抽象艺术家，也不是设计精英圣坛中的秘密成员，而且他们也不穿黑色高领衫①。他们是创造性

---

① 苹果公司前首席执行官乔布斯经常身穿黑色高领衫，此处暗喻像乔布斯那样的人。——译者注

创新者，能够减小知与行的差距，因为他们满怀激情，专注于创造更美好生活和更美好世界的目标。今天，我们有机会以他们为榜样，释放设计思维的力量，用设计思维来探索新的可能性，创造新选择，并为世界带来新的解决方案。在这一过程中，我们也许会发现，社会已经变得更健康，企业也更兴隆，而且我们自己的生活也更丰富、更有影响力、更有意义。

- 设计思考者不仅要考虑产品和服务的功能，还要考虑其情感意义。

- 大量的市场数据，并不能替代对真实世界的了解。

- 做出第一个模型所用的时间，是衡量创新文化活力很好的标尺。

- 极端用户，通常是获得鼓舞人心领悟的关键。

- 面对面交流的时间，培养了团队成员间的关系，增强了团队的力量，而且这是一个组织所拥有的最宝贵的资源之一。

- 最具吸引力的创新机遇，恰恰存在于部门的交集当中。

- 好的设计思考者会观察，出色的设计思考者则会观察普通的东西。

- 作为一个整体，我们比任何个体都聪明。

- 有活力的设计思维文化，会鼓励模型制作——快速、价廉、简易，并将其作为创造性过程的组成部分，而不仅仅是证明最终想法有效的方法。

- 与单纯依靠文字或数字的做法相比，采用直观的视觉观察方式，我们可以以不同的方式看待问题。

CHANGE BY DESIGN

How design
thinking
transforms
organizations
and
inspires
innovation

第 11 章

重新设计设计

有人说，公元 1750 年的英国农民与他们的孙辈之间的差别，比他们与公元前 1750 年的英国农民之间的差别更大。蒸汽机的出现点燃了工业革命的熊熊烈火，接下来就是电的普及、计算机的问世。变化的节奏快到让人目不暇接，我们既感到欣喜，又时常觉得恐惧。到如今，变化的节奏快到了一种令人无法想象的程度。

　　回顾《IDEO，设计改变一切》首次发行距今这 10 年发生的一切，我们似乎需要重新写一本书来解释这些令人惊诧的变化，而不只是增补一章。过去 5 年，云计算把信息从一种资本投入变成了一项公共事业；2007 年，苹果公司推出的 iPhone 可以说是有史以来最成功的产品之一；2009 年，区块链技术出现，爱彼迎、Uber 成立，这标志着去中心化的经济时代到来；2010 年，谷歌宣布研发无人驾驶汽车；2012 年，CRISPR 基因编辑工具发布，DNA 技术开始实现商业化，它沿着与 40 年前的计算机同样的发展路径，从实验室走向了市场。10 年前，Facebook 还挤在帕洛阿尔托市区一家珠宝店楼上的套间里办公，天空中还看不到什么无人机，"社交媒体""气候变化"这些概念才刚刚开始为人所知。这 10 年来发生的变化可谓天翻地覆，影响深远。

人们普遍认为，把这些变革综合起来看的话，其深度和广度丝毫不亚于一场"第四次工业革命"，虽然其中也充满了破坏和混乱。由蒸汽机、电力和计算机引发的革命节奏虽然缓慢，但过程并不温和，如果你读过查尔斯·狄更斯（Charles Dickens）和伊丽莎白·盖斯凯尔（Elizabeth Gaskell）的"工业时代"小说，或者看过现代派画家笔下痛苦扭曲的人物，就能明白这一点。尽管如此，这些早期革命对社会和文化产生的影响，仍能在几十年内融合。但是眼前这场变革发生的速度之快，触及的范围之大，完全超出了人们的想象。所以，在被这场变革卷入之前先掌握它的基本特征是至关重要的。

为了应对这 10 年来持续破坏所引起的挑战，设计行业以前所未有的方式成长和成熟起来。20 世纪 70 年代初，设计理论家霍斯特·里特尔（Horst Rittel）强烈建议设计师把注意力从简单的问题转到他所认为的"棘手的问题"上，也就是复杂的、开放式的、模棱两可的问题，隐藏在大问题中的问题，很难判断"对错"的问题。从那个时候开始，设计行业就接受了这个挑战。如今，设计师们致力于解决美国的肥胖症、西非的健康问题、城市暴力问题和农村贫困问题。他们研究产前护理，直面人在临终时的痛苦，让生命从开始到结束都得到关怀。话说回来，设计师依然在努力地让我们的家具更令人舒服，让我们拍摄的图片更清晰，让我们的数字接口更好用，但是，他们工作涉及的范围之广简直让人不敢相信。

这并不是说设计师们像一些评论家说的那样"自以为无所不知"，或者"不论是谁，无论是公司总经理、医院主任、中学老师，只要上三天的培训班课程就能掌握专业设计师数年习得的技能"。相反，为了解决如此宏大的问题，设计师们已经学会了与各行各业的专家合作：我们很少再看到设计师单独行动，取而代之的是一个综合性的设计团队集体作战，这个团队中可能有一名人类学学者，一名行为经济学家，一名数据科学家，一名神经外科医生（在 IDEO 必不可少），一名心脏病学家，几名律师。因为我们面临的问题越来越错综复杂，所以必须调动更多的专业人才来解决。

从 IDEO 过去这 10 年经手的项目来看，虽然我们现在面对的挑战包罗万象，但还是能够把它们按照主题分门别类。事实上，有些主题在眼下十分紧迫，而且设计师们也已经为我们指明了可行的方向。我们将其总结为以下几个方面：

- 如何重新设计过时的公共体系？
- 随着汽车时代即将终结，如何重新设计我们的城市？
- 如何使人工智能、智能机器和大数据变得人性化？
- 在生物技术高度发展的时代，如何重新设计生命的诞生和死亡？
- 如何推动线性经济转向循环经济？

看到这些宏大的、开放式的问题，没有哪个设计师愿意接手，他们已经习惯于做那些有详细项目概要、明确时间线和固定预算的项目。但我们想说的是，这就是设计师们必须要学的东西。接下来，我们会提供一些策略，把这些宏大的挑战变成一系列可操作的行动。

重新设计公共体系

我们现在面临的最重要的、最有威胁的挑战就是重新设计过时的公共体系：教育、医疗、传媒、工作和商业。为了应对这些挑战，我们被迫学习了一整套全新的方法，这些方法并不属于艺术院校、工程院校，甚至是设计院校的教学内容。为了方便起见，我们把这一系列方法统称为"设计思维"，不过要先说明一点，设计思维并不是一套固定不变、有明确操作步骤、确定结果的方法论。确切地说，它可以被视为解决 21 世纪面临的问题时所采用的一种理念、一种思维方式、一种以人为本的新方法。

2011 年，我们就遇到了这样一个宏大的问题。卡洛斯·罗德里格斯 – 帕斯托（Carlos Rodriguez-Pastor）是秘鲁的一位杰出商人，他对秘鲁的公共教育体系感到忧心忡忡，于是找到了我们。在经济合作与发展组织（OECD）针对全球的科学、数学和阅读能力进行的调查中，秘鲁的排名持续垫底。由于师资力量匮乏，秘鲁经济快速增长给教育体系带来的机遇眼看着就要白白浪费。帕斯托迫切地想要设计一个新的教育体系，能让并不富裕的新兴中产阶级负担得起，也能在全国范围内推广。这个项目令人望而却步，很难想象还有比这更艰巨的设计挑战了，但这正是设计师要学习去解决的难题。

以人为本的设计流程的第一阶段是明确问题涉及的范围。在秘鲁这个案例中，起初我们组建了一个 5 人的调研团队，他们深入地与利益相关方的代表交流，其中包括老师和学校管理人员、企业管理者、教育部的官员、学生父母，当然还有学生。他们创造性地把"一手调研"和"二手调研"的技巧结合到了一起，通过入户观察、民间走访、小组采访、实地探查，以及研究客观数据对这个问题进行了评估，分析了目前的困境和潜藏的机会。接下来，他们就开始行动。

团队成员扩充以后，调研团队充分利用设计师的工具包，不仅创造了一种策略，而且创造了管理可扩张的 K12 学校体系的操作方法。这个体系包含课程安排、教育技术、教育资源、教师培训和发展、学校建筑、运营计划、数据公布、知识分享体系，他们还设计了一个底层的财务模型，允许学校每月只收取 130 美元（按照正常市场机制这会是一个无法维持下去的愿景）。2018 学年，整个秘鲁开办了 49 所 Innova 学校，招收了超过 3.7 万名学生，聘用了 2 000 多位教师。墨西哥也按照这种模式进行了试点，它被誉为"拉丁美洲最宏大的私立教育项目"，受到了广泛欢迎。

这个项目中的一个任务是设计新的教室座位方案。我们曾经为世楷公司解决过这个问题，但此时需要用完全不同的技能——实际上是完全不同的思维模式。秘鲁的工作经历让我们明白了综合整体系统设计的价值，以及从最基本层面理解问题、在最大范围内定位问题、与相关领域专家合作的价值。我们设计 Innova 学校时邀请了建筑专家、课程设计专家和必不可少的行为科学专家。通过 Innova 学校这个项目，我们发现了最重要的一点：设计学校与设计太阳镜、街道标识、电动滑板车没有什么区别。就像人类文明中创造的所有物品一样，有的设计得很好，有的设计得很差，也有的设计出来就一无所用。

完成了 Innova 学校的项目后，我们不禁问自己："我们还能再做一次吗？我们能做些教育以外的项目吗？"教育可能是反映转型期文化需求的最有力指标，但还有很多其他问题需要设计师去解决，而且对于愿意像设计师一样思考和工作的人来说，这也是他们面临的挑战。

重新设计城市

我们为过去 30 年来创造的产品和设备感到骄傲，例如苹果公司的鼠标，Palm V 掌上电脑，以及为美国礼来公司（Eli Lilly）设计的胰岛素运输系统，而且我们希望能做更大的贡献。但是，为了满足"第四次工业革命"的需求，在过去 10 年来，我们的朋友、合作伙伴、竞争对手，以及我们自己的业务涉及的范围急速扩张，这种扩张的程度让我们自己都感到惊讶。这种增长一方面是由于新技术持续涌现导致的，另一方面是由于各领域逐渐融合导致的。我们越发认识到，一款物理产品只是经验的一种体现，其中融合了心理、文化、环境、道德各种因素，而且因素之间没有明显的边界。

有一个很突出的案例与汽车的未来有关，而汽车的未来与城市的未来密不可分。现今很多人对"无人驾驶汽车"的理解——一辆没有司机的汽车，与 100 年前的人对汽车的理解——一辆没有马的马车如出一辙。要说我们从汽车发展的历史中学到了什么，那就是故事的主角不是汽车，而是它影响生活的方式：美国的郊区快速发展；城市的大量基础设施建设分配给了城市道路、高速公路、停车场、加油站、汽车经销商、自动修理设施、报废厂；汽车文化诞生；美国每年的高速公路死亡事故达到35 000 起。像福特这样的公司正在转变它们的思维框架——从"汽车"转向了"移动"。设计师正在学习先关注汽车想要解决的问题，而不是先关注汽车。因此我们做了一些推测性的实验，这种实验一直都是设计师的秘密武器。

我们经常发现，当几个设计师对某个问题极度痴迷时，公司就要提供一定的资源让他们去研究这个问题，形成一种观点，然后建立一个模型——它可以是实体的、数字的，也可以是实验性的。这个模型既可以用来向公众展示，也可以推荐给有可能感兴趣的合作伙伴进行实际应用。我们的移动实践团队（mobility practice）就开展了这样一个项目，团队成员已经十分适应无人驾驶汽车的新时代。在一个代号为"汽车未来的用途"的项目中，团队打算先了解无人驾驶汽车的底层技术——什么可以真正实现，什么不能实现——然后再开发出一些可能的应用场景。他们把研究成果写成了四个章节的电子文档，在其中探讨了在可预见的未来，我们可能会以什么样的方式让人移动、让物移动、让空间移动，以及一旦有可能剔除"司机"这个因素之后，如何让其他那些因素协同移动。

汽车的用途涉及的既不是设计一款极具未来感的蝙蝠侠战车，也不是发明下一代技术——这是科幻作家和实验室科学家的任务。作为设计师，我们的角色是预判近期可能要出现的状况，以及如何尽早掌控各种新技术——"尽早"的意思是不要等到不得不为之时再去适应新技术，不要让新技术俘虏我们。我们该如何把美国人每年堵在路上的 48 个小时转化成有价值的时间？我们该如何以最高效的方式让商品和服务在城市内移动？我们该如何利用现有的基础设施在手持设备上调用一个数字化办公室开一场会议？我们早晨通勤时该如何共享汽车，并根据个人的要求保留座位，能够让他在这段时间内阅读、打盹、上网，或是肆意听一些其他人不愿意听的音乐？解决这些问题的关键不是在汽车上安装激光雷达、超声波传感器、高度计、陀螺仪，而是我们要如何定义移动本身。

重新设计人工智能

科技飞速发展是我们这个时代的主要特征，生活可能会因此变得更好，也可能变得更糟，而设计师的工作就是发现"更好的"。令人意想不到的是，仅仅就在 10 年前，人工智能还是一个遥不可及的梦想，这个梦想从 20 世纪 80 年代，甚至是 20 世纪 60 年代就开始延续。当时，斯坦福大学、麻省理工学院以及还没有合并的卡内基理工学院的一些科学家就开始推测机器也能像人一样学习。从斯坦福研究院开发出可以缓慢移动的机器人沙基（Shakey），到波士顿动力公司开发出可以后空翻的人形机器人阿特拉斯（Atlas），整个发展过程让人赞叹不已。现在，人工智能和机器人都变成了现实，它们配备了面部识别软件、手势互动和会话界面，拥有高超的推理能力，但我们对其背后意义的研究才刚刚开始。设计的一贯宗旨就是让科技变得人性化，让它变得更好用、更易懂、更有趣，这种做法在眼下显得越发重要和迫切。

在第一个机器时代，各种商品大量出现，设计师为了应对这一状况，试图在工业品上添加一些艺术元素，工业设计行业因此逐渐成形。专业的平面设计师取代了美化大众媒体页面的商业艺术家。计算机和数码产品的出现加速了交互式设计的诞生，摆脱了印刷排版与计算机科学的束缚。把以人为本的设计原则与人工智能、智能机器、大数据融合起来，会产生什么样的结果？是像一对互相猜忌的情侣被迫结婚，还是会产生新的设计原则？

追溯到 20 世纪 60 年代，计算机先驱道格拉斯·恩格尔巴特（Douglas Engelbart）在当时的斯坦福研究院创建了强化研究中心。建立这个实验室的目的不是为了造一台机器，而是"强化"人类的智力。1968 年，他向世界展示了全球第一款计算机鼠标——"原型之母"。50 年后，受到恩格尔巴特的启发，IDEO 正式收购了芝加哥的数据科学公司 Datascope。同时，我们还发布了一套名为 D4AI（增强智能设计）的全新设计实践。手机、汽车、服装、药物、服务，这些下一代真正智能的产品能让我们跟随日常生活的变化，进行动态灵活的调整。这里说的并不是数据工程师大规模的部署方案，或是数据科学家研究新的统计模型，而是数据设计师必须学习使用数据和算法来创造真正以人为本的人工智能，并且让人们感觉不到那是人工设计出来的人工智能而非真人。

重新设计生命和死亡

大家对摩尔定律都耳熟能详：计算机应用的成本每 12 个月到 18 个月就会下降一半。但很少有人知道卡尔森曲线（Carlson Curve），它描绘的是人类基因组测序的价格。2001 年草图完成时耗资约 1 亿美元。计算机应用的成本现在下降到了什么程度一看便知：每个中学生的书包里都装着一台能上网的电脑，其处理能力比美国国家航空和宇航局当年把三个宇航员送上月球时使用的计算机更强。有迹象已经表明，遗传学正在沿着同样的路径发展——从实验室发展到工业应用，再进入一般消费市场，而且蕴藏着同样重大的意义。

最先使用计算机的是银行、航空公司和军队，后来计算机就逐渐进入了人们的日常生活。婴儿潮一代（出生于 1946 年至 1964 年的一代人）使用的是台式电脑，X 一代（出生于 20 世纪 60 年代中期至 70 年代末的一代人）使用的是笔记本电脑，到了千禧一代（出生于 1982 年至 2000 年的一代人），使用的就是掌上电脑。遗传信息的消费应用正在沿着同样的路径蓬勃发展。基因测序公司 23 and Me 从 2007 年开始就提供 DNA 检测服务，其价格在过去 5 年下降了 90%。要说 2018 年拉斯维加斯的消费电子展能给我们什么启发的话，那就是有数百家创业公司能让我们知道自己的祖先和后代是什么样子。紧临奥克兰市生物技术中心的 Habit 公司，可以通过检测血液和面部提取的 DNA 了解你的膳食偏好，根据基因信息量身推荐食谱，然后送餐上门。美国《国家地理》杂志推出了一个手机应用 Geno2.0，支付 69.95 美元，订阅用户就能从手机上了解尼安德特人祖先的血统信息。在这种情况下，普通大众该如何适应消费级 DNA 应用的新环境呢？

Helix 公司邀请 IDEO 合作，我们终于有机会对这个问题一探究竟。作为一家硅谷的创业公司，Helix 也进入了蓬勃发展的基因应用的消费市场。类似的产品在过去 10 年大量涌现，但在道德伦理、复杂的监管环境，以及此类应用的潜力等方面仍存在未知因素。基因技术正在迅速成熟和完善，投资者们早已捷足先登。最让人担忧的，就是人们该如何使用他们的基因数据。

为了找到这个问题的答案，我们组建了一个包含人种志学者、数据科学家和设计师的团队，他们奔赴美国各地对大概 1 000 人进行了抽样调查，其中包含早期使用过该类产品的人、喜欢自我量化的人、对这项技术感到好奇的人。这次调研让我们证实了在其他项目中总结出的一个观点：人们想要的不是信息（现在的信息已经多得让人无法应对），而是有意义、有关联、能使用的信息。一位受访者说："给我一些可以用来操作的东西。"另一位受访者说："给我一些建议、行动计划、应用程序和工具。"还有受访者说："信息不能使用就等于是空气。"我们从这些答案中提炼出了一系列主题（设计思维过程的"分析总结"阶段），随即把它们转化成了一组设计指导原则，最终形成了一个品牌策略：Helix 收取一次性费用（80 美元，不是 20 亿美元）为顾客进行基因测序，然后把他引导至一个基于 DNA 的 App 商店，该商店提供的服务涉及血统、亲属、健康、营养，当然还有娱乐（有的人会购买印着他们基因序列字母的手提袋）。检测流程简单到只需要你在试管里吐一口唾沫。

我们的 DNA 从我们出生那一刻起就已经融入我们体内，但是当我们走向生命的终点时会遇到一些更令人感到困惑的问题。并不是所有人都会选择基因测序、乘坐无人驾驶汽车、在美国总统大选时投票，或者在秘鲁上学，但是我们所有人，都会在某个时刻离开这个世界。这种不可避免的、人人都要面对的事实，一定是恐惧和不安的根源吗？

不久之前，设计师还在忙于设计吹风机和电动卷笔刀，现在却要去解决这么深奥的问题，实在让人难以相信，但事实就是如此。我们通过 OpenIDEO 这个开源、开放式创新平台已经形成了一个志愿者社区，有来自全球近 100 个城市的 10 万名市民设计师共同集思广益解决这些复杂的问题：食物浪费、大规模监禁、为全球 3 300 万流落在难民营的儿童提供教育资源。我们认为是时候用设计来解决棘手问题中最棘手的问题了：我们该如何重新构想自己和所爱的人临终时的体验？我们该如何重新思考死亡？

在萨特医疗集团（Sutter Health）与 Helix 基金的赞助下，在由医学专家、法律专家、心理专家组成的顾问委员会的支持下，OpenIDEO 的团队精心设计了一个设计项目，他们设定了具体参数，确定了一系列目标和任务：重新构思临终时的情景，创造一种有意义、鼓舞人心的临终体验，尝试与那些可能没有明显联系，但是可能会提供非常重要的洞见和资源的人和专家建立合作关系。

作为设计思维者，我们抱着感同身受、以人为本的信念努力让人类社会变得更加美好，我们如何才能揭开笼罩在这个禁忌话题上的黑暗面纱呢？

重新设计未来

很明显，设计已经步入了一个新时代，我们所处的环境已经发生了变化，旧规则不再适用。当我们创造出没用的产品时，是在对自己妥协；当我们无法应对新技术的挑战时，是在对社会妥协；当我们以地球上的资源为代价换取短期的利益时，是在对未来妥协。在这种宏大使命的感召下，设计师与设计思维者开始关注2012年开始提倡的"循环经济"。

现代社会是建立在资源永续的假设之上，谁能想到有一天石油会枯竭，森林会消失，鱼类会死亡殆尽？谁能想到有一天连处理物质繁荣产生的废弃物的地方都没有？但这正是我们目前所面临的困境，我们急需找到一个转折的突破点，但是却受到线性经济的制约——先是挖矿采石、钻探石油，然后把产生的废弃物在垃圾场填埋。

是否有能力重新设计工业体系，让它能够再生和再造；是否有能力把废弃物转化为下一代工业的生产原料；是否有能力重新思考产品生命周期（早期，中期和晚期）假设，这将会成为评判我们这一代人的标准。这是一个强有力的声明，但不是说教。循环经济的魅力就在于，它不需要我们在利他主义与机会之间、在良知与商业之间做出选择。我们认为，只要遵循循环经济的原则，公司就能够降低原材料成本，获取更大的利润，更好地利用资产，与消费者建立更强的纽带，同时也能守护好我们的家人和家园。此前，只有少数一些倡导绿色经济的人士提出过这样的主张，但如今，欧盟明确声明要转向可再生的循环经济，中国也把这个目标列入了长期计划。循环经济已经成为达沃斯世界经济论坛的中心议题，苹果、飞利浦、欧莱雅、世楷等越来越多的跨国公司已经采取了相应的行动。

2017 年，IDEO 与麦克阿瑟基金会达成合作，我们的目标是为想要实现这个愿望，却不知道如何开始的企业提供一份实用的指导方法。我们在网上发布了免费的《循环经济指南》(Circular Economy Guide)，并因此结识了一些行业领袖，他们致力于寻求一种具有再生和再造能力的商业模式，可以创造新的价值，实现长期的经济繁荣和生态稳定，并从中获得利润。与上一辈人的道德说教不同（当然，如果没有他们，我们也不会有如此长足的进步），我们现在可以提供具体实用的方法（有 24 个），而且每一个方法都能进行建模、试点和衡量。

重新设计设计

回望设计本身这 100 年来的发展历史，它并不是"糟糕的事情一件接一件"［向说过这句话的历史学家阿诺德·汤因比（Arnold Toynbee）致歉］，而是一个边界不断扩大的过程。设计师曾经的工作就是设计钟表、店内装潢和书的封面，但现在正在学习重新定义遇到的问题，更加开放地去思考：我们需要的是一辆汽车，还是一个交通工具？需要更好的教学设施，还是能让孩子应对未来挑战的教育？当人工智能、合成生物学、智能材料、太空旅行成为现实时，我们应该关注哪些方面？我们需要的是会烤比萨的机器人，还是安全、公正、易用的互联网？我们需要的是一款可以提醒我们上瑜伽课的 App，还是一种综合了集体智慧来解决儿童肥胖症、青少年怀孕、老年姑息护理的方法？

著名的芬兰裔美国建筑师埃罗·沙里宁（Eero Saarinen）讲过他父亲

给他的建议："把设计对象放在一层更宏大的背景下去思考，设计椅子要考虑房间，设计房间要考虑房子，设计房子要考虑环境，设计环境要考虑城市规划。"他的父亲确实有先见之明，因为这正是设计一直以来努力想要实现的结果：认识到最不起眼的人工制品也处在一张相互交织的网络中，对这一点的理解越透彻，对设计就越精通。

随着设计的边界逐渐扩大，埃罗·沙里宁的父亲提出的"一层更宏大的背景"向外延伸到了太空，向内深入到了人类的基因，我们开始学习把设计当作一个"平台"，一个可以搭建上层建筑的基础：非营利组织 IDEO.org 和社会企业 Design that Matters 致力于把专业知识传播给全球最贫困人口；科罗拉多的学生组织 Design for America 和斯坦福大学开设的"扶贫创业设计"（Entrepreneurial Design for Extreme Affordability）课程旨在培养下一代设计师解决经济差距和社会不公的问题。设计是一项持续发展的工作，通过不断开展实验提供工具和方法，从而能让我们在日益复杂的环境中面对各种艰难的挑战。

最近，大家请 IDEO 的创始人戴维·凯利从我们 40 多年来做过的项目中挑出他喜欢的项目。他毫不犹豫地回答："下一个。"贫穷、气候变化、歧视掠夺了人类社会中一些潜在的最有价值的资产，当我们审视这些挑战时，也是同样的感觉。当第一批工业设计师走上工作岗位时，当第一批平面设计师打印出一张图片时，当第一代数字设计师努力破解互联网的谜团时，谁会想到他们有一天会用这些非正统训练的技能与经常反体制的做法去解决如此宏大的问题，而且在这个过程中起到相当重要的作用。但事实就是如此，我们正面临着最大的挑战：重新设计设计。

- 设计思维并不是一套固定不变、有明确操作步骤、确定结果的方法论，它是解决 21 世纪面临的问题时所采用的一种理念、一种思维方式、一种以人为本的新方法。

- 当我们关注设计"什么"时，就会把自己禁锢在增量思维中，就会想如何设计一支更好的牙刷、一张更舒服的座椅、一台噪声更小的空调。但是当我们思考"怎么"设计时，就能够揭开问题的表象，触及其盘根错节的本质，这也是做出真正创新的条件。

- 把设计对象放在一层更宏大的背景下去思考，设计椅子要考虑房间，设计房间要考虑房子，设计房子要考虑环境，设计环境要考虑城市规划。

致　谢

　　说本书是团队努力的成果有些多此一举，但确实有很多人为此书做出了巨大的贡献。许多最重要的见解要归功于他们，而书中所有的瑕疵则都是我的责任。

　　我默默无言的搭档巴里·卡茨，感谢他对本书文字做出的大量修改，让我的表达显得比实际上要更为清晰易懂。感谢他付出了大量的时间和精力，将我的草稿变成了可供公众阅读的图书。

　　我的经纪人克里斯蒂·弗莱彻（Christy Fletcher）看到了本书的潜力，并把我介绍给哈珀商业出版社的出色团队，特别是编辑本·洛南。我已经听说，在现代出版业的激流中，图书编辑艺术正在消亡，但洛南却向我展示了高超的编辑水平和编辑速度并非不可兼得。我很高兴能与他合作。

　　其他为本书做出贡献的人包括：《哈佛商业评论》的路·麦克雷利（Lew McCreary），他编辑了我的原创文章《设计思维》；桑迪·施派克（Sandy Speicher）、伊恩·格鲁（Ian Groulx）和凯蒂·克拉克（Katie Clark），他们设计了封面；彼得·麦克唐纳（Peter Macdonald），他绘制了思维导图；推广人员黛比·斯特恩（Debbe Stern）和马克·福捷（Mark Fortier），他们积极宣传，把本书的主旨传达给世界；斯科特·安德伍德（Scott Underwood），他确保有关 IDEO 项目的信息真实可靠；我的助手萨莉·克拉克（Sally Clark），尽管我总是企图打乱她的安排，她却总能想方设法使我按时到达该去的地方。

在为本书进行调研的过程中，我有幸拜访了一些出色的机构。我要特别感谢亚拉文眼科医院的帕维·梅塔（Pavi Mehta）和图尔希·图拉斯拉吉（Thulsi Thulasiraj），戴维·格林，印度 IDE 的阿米塔巴·萨丹奇，博报堂广告公司的加古井诚和伊藤直树，他们慷慨地提供了时间和想法。

我还有幸与一些非常聪明的人进行了交流，他们极大地影响了我的思维。他们中的很多人，在本书正文中已经被提及，但我仍希望在此感谢杰奎琳·诺沃格拉茨、布鲁斯·努斯鲍姆（Bruce Nussbaum）、深泽直人、加里·哈默尔、约翰·萨卡拉（John Thackera）、鲍勃·萨顿、罗杰·马丁、克劳迪娅·科奇卡，正是因为他们的成就，我才获得了很多想法。我还想感谢 TED 大会的策划人克里斯·安德森（Chris Anderson），通过他策划的大会，我接触了很多想法和优秀人才。

我要感谢在 IDEO 工作的惠特妮·莫蒂梅尔（Whitney Mortimer）、简·富尔顿·苏瑞、保罗·本内特（Paul Bennett）、迭戈·罗德里格斯、弗雷德·达斯特（Fred Dust）和彼得·科赫兰（Peter Coughlan），他们经常为我提供想法。如果没有我在 IDEO 的同事和客户的贡献——包括过去的和现在的，就不会有本书。他们一直是我灵感的无尽源泉。

本书尽可能反映了我从设计师转变为设计思考者的全过程。没有某些人提供的建议，我就不可能完成这一转变。这些人包括我的父母，当朋友选择了"更有前景"的职业时，父母给了我去读艺术学校的自信；比尔·莫格里奇，他冒着极大的风险雇用了我；戴维·凯利，他愿意把自己的公司交托给我来领导；戴维·斯特朗（David Strong），他有耐心与我这样一个数学极差的设计师（更别提使用电子表格了）共同经营一家公司；还有吉姆·哈克特，他有关领导力的建议，为我和我的同事提供了始终如一的安全网。

最后，也是最重要的，我要感谢我的家人——盖娜、凯特琳和苏菲。我经常不在家，很多周末都伏在笔记本电脑上工作，她们却愿意容忍所有这一切，这里的致谢只是我对她们深切感激之情中的一小部分。

未来，属于终身学习者

我这辈子遇到的聪明人（来自各行各业的聪明人）没有不每天阅读的——没有，一个都没有。巴菲特读书之多，我读书之多，可能会让你感到吃惊。孩子们都笑话我。他们觉得我是一本长了两条腿的书。

——查理·芒格

互联网改变了信息连接的方式；指数型技术在迅速颠覆着现有的商业世界；人工智能已经开始抢占人类的工作岗位……

未来，到底需要什么样的人才？

改变命运唯一的策略是你要变成终身学习者。未来世界将不再需要单一的技能型人才，而是需要具备完善的知识结构、极强逻辑思考力和高感知力的复合型人才。优秀的人往往通过阅读建立足够强大的抽象思维能力，获得异于众人的思考和整合能力。未来，将属于终身学习者！而阅读必定和终身学习形影不离。

很多人读书，追求的是干货，寻求的是立刻行之有效的解决方案。其实这是一种留在舒适区的阅读方法。在这个充满不确定性的年代，答案不会简单地出现在书里，因为生活根本就没有标准确切的答案，你也不能期望过去的经验能解决未来的问题。

而真正的阅读，应该在书中与智者同行思考，借他们的视角看到世界的多元性，提出比答案更重要的好问题，在不确定的时代中领先起跑。

湛庐阅读App：与最聪明的人共同进化

有人常常把成本支出的焦点放在书价上，把读完一本书当作阅读的终结。其实不然。

时间是读者付出的最大阅读成本

怎么读是读者面临的最大阅读障碍

"读书破万卷"不仅仅在"万"，更重要的是在"破"！

现在，我们构建了全新的"湛庐阅读"App。它将成为你"破万卷"的新居所。在这里：

- 不用考虑读什么，你可以便捷找到纸书、电子书、有声书和各种声音产品；
- 你可以学会怎么读，你将发现集泛读、通读、精读于一体的阅读解决方案；
- 你会与作者、译者、专家、推荐人和阅读教练相遇，他们是优质思想的发源地；
- 你会与优秀的读者和终身学习者为伍，他们对阅读和学习有着持久的热情和源源不绝的内驱力。

下载湛庐阅读App，
坚持亲自阅读，
有声书、电子书、阅读服务，
一站获得。

本书阅读资料包
给你便捷、高效、全面的阅读体验

本书参考资料
湛庐独家策划

☑ **参考文献**
为了环保、节约纸张，部分图书的参考文献以电子版方式提供

☑ **主题书单**
编辑精心推荐的延伸阅读书单，助你开启主题式阅读

☑ **图片资料**
提供部分图片的高清彩色原版大图，方便保存和分享

相关阅读服务
终身学习者必备

☑ **电子书**
便捷、高效，方便检索，易于携带，随时更新

☑ **有声书**
保护视力，随时随地，有温度、有情感地听本书

☑ **精读班**
2~4周，最懂这本书的人带你读完、读懂、读透这本好书

☑ **课　程**
课程权威专家给你开书单，带你快速浏览一个领域的知识概貌

☑ **讲　书**
30分钟，大咖给你讲本书，让你挑书不费劲

湛庐编辑为你独家呈现
助你更好获得书里和书外的思想和智慧，请扫码查收！

(阅读资料包的内容因书而异，最终以湛庐阅读App页面为准)

湛庐阅读 App

思想者的
声音图书馆

倡导亲自阅读

不逐高效，提倡大家亲自阅读，通过独立思考领悟一本书的妙趣，把思想变为己有。

阅读体验一站满足

不只是提供纸质书、电子书、有声书，更为读者打造了满足泛读、通读、精读需求的全方位阅读服务产品 —— 讲书、课程、精读班等。

以阅读之名汇聪明人之力

第一类是作者，他们是思想的发源地；第二类是译者、专家、推荐人和教练，他们是思想的代言人和诠释者；第三类是读者和学习者，他们对阅读和学习有着持久的热情和源源不绝的内驱力。

以一本书为核心

遇见书里书外，更大的世界

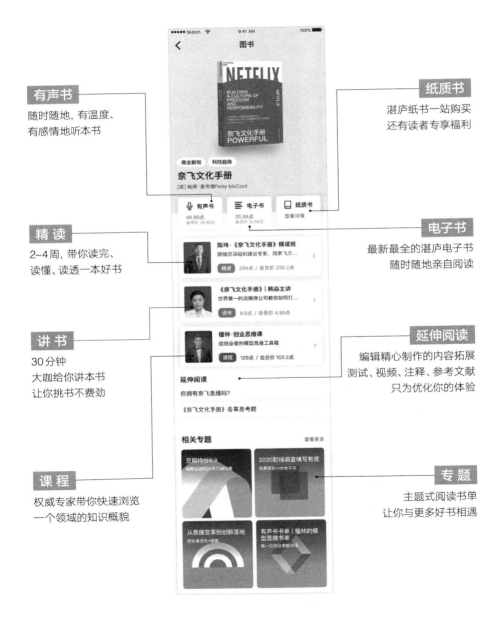

有声书
随时随地，有温度、
有感情地听本书

精读
2~4周，带你读完、
读懂、读透一本好书

讲书
30分钟
大咖给你讲本书
让你挑书不费劲

课程
权威专家带你快速浏览
一个领域的知识概貌

纸质书
湛庐纸书一站购买
还有读者专享福利

电子书
最新最全的湛庐电子书
随时随地亲自阅读

延伸阅读
编辑精心制作的内容拓展
测试、视频、注释、参考文献
只为优化你的体验

专题
主题式阅读书单
让你与更多好书相遇

图书在版编目（CIP）数据

IDEO，设计改变一切：10周年纪念版 ／（英）蒂姆·布朗（Tim Brown）著；侯婷，何瑞青译. — 杭州：浙江教育出版社，2019.12（2024.9重印）

ISBN 978-7-5536-2443-3

Ⅰ．①I… Ⅱ．①蒂… ②侯… ③何… Ⅲ．①工业设计 Ⅳ．①TB47

中国版本图书馆CIP数据核字（2019）第268329号

浙江省版权局
著作权合同登记号
图字：11-2019-219号

上架指导：设计思维 / 管理

IDEO，设计改变一切：10周年纪念版

IDEO, SHEJI GAIBIAN YIQIE: 10 ZHOUNIAN JINIANBAN

[英] 蒂姆·布朗（Tim Brown）　著

侯　婷　何瑞青　译

责任编辑：刘晋苏

美术编辑：韩　波

封面设计：ablackcover.com

责任校对：江　雷

责任印务：沈久凌

出版发行：浙江教育出版社（杭州市环城北路177号）

印　　刷：石家庄继文印刷有限公司

开　　本：710mm×965mm　1/16

字　　数：220千字

版　　次：2019年12月第1版

书　　号：ISBN 978-7-5536-2443-3

印　　张：17.25

插　　页：1

印　　次：2024年9月第6次印刷

定　　价：69.90元

如发现印装质量问题，影响阅读，请致电010-56676359联系调换。